아날로그 감성으로 떠나는
추억의 세계여행

태원용 여행이야기 ❷

아날로그 감성으로 떠나는 추억의 세계여행

발행일	2017년 10월 31일		
지은이	태 원 용		
펴낸이	손 형 국		
펴낸곳	(주)북랩		
편집인	선일영	편집	이종무, 권혁신, 최예은
디자인	이현수, 김민하, 한수희, 김윤주	제작	박기성, 황동현, 구성우
마케팅	김회란, 박진관, 김한결		
출판등록	2004. 12. 1(제2012-000051호)		
주소	서울시 금천구 가산디지털 1로 168, 우림라이온스밸리 B동 B113, 114호		
홈페이지	www.book.co.kr		
전화번호	(02)2026-5777	팩스	(02)2026-5747
ISBN	979-11-5987-757-5 03980 (종이책) 979-11-5987-758-2 05980 (전자책)		

잘못된 책은 구입한 곳에서 교환해드립니다.
이 책은 저작권법에 따라 보호받는 저작물이므로 무단 전재와 복제를 금합니다.

이 도서의 국립중앙도서관 출판예정도서목록(CIP)은 서지정보유통지원시스템 홈페이지(http://seoji.
nl.go.kr)와 국가자료공동목록시스템(http://www.nl.go.kr/kolisnet)에서 이용하실 수 있습니다.
(CIP제어번호: CIP2017028312)

(주)북랩 성공출판의 파트너
북랩 홈페이지와 패밀리 사이트에서 다양한 출판 솔루션을 만나 보세요!
홈페이지 book.co.kr • **블로그** blog.naver.com/essaybook • **원고모집** book@book.co.kr

아날로그 감성으로 떠나는
추억의 세계여행

글/사진 **태원용**

힛 바래민 필름 사진 위에
써내려 간
한 여행 블로거의 청춘 일기

북랩 **book** Lab

여행을 시작하며

"원용! 너는 좋은 책을 낼 수 있을 거야."

1992년 나 홀로 배낭여행을 하면서 함께 여행한 친구에게 귀국해서 여행 가이드 북을 출간하고 싶다는 마음을 드러냈다. 그 친구는 기뻐하며 격려해 주었다. 만나는 여행자들에게 나를 소개할 때면 'South Korea'에서 왔으며 지금 혼자서 세계여행을 하는 중이며 귀국해서 멋진 여행 가이드 북을 낼 것이라고 자랑스럽게 말했다.

인도를 3개월 여행하면서 가이드 북을 출간하는 것이 부질없는 욕심인 것 같아 마음을 접었다. 여행하면서 모은 많은 자료와 사진들은 2박스 정도 분량이었다.

난 25년 전 그 친구와의 약속을 지키고 싶었다. 그 당시 세계여행은 나에게 준 선물이었고 내 인생에서 쉼표였으며, 많은 사람들과의 행복한 만남이었다. 얼마나 좋았으면 사진마다 세상에서 가장 행복한 얼굴을 하고 있다. 사람들은 백만 불짜리 미소라고 엄지 척 해주었다.
살아가면서 가끔 추억하며 미소 짓는 이야깃거리가 있다는 것은 여행한 보람이며 기쁨이 된다.

친구가 혹 이 책을 보게 된다면 분명 활짝 웃으며 기뻐할 것이다. 25년

만에 약속을 지켰다는 홀가분한 마음이 든다. 앞으로 해마다 많은 나라를 여행하고 기록하며 사진을 촬영하여 책으로 출간할 것이다.

　혼자 배낭 여행하도록 허락하신 부모님께 감사의 마음을 전한다.

2017년 10월

태원용

CONTENTS

3. 유럽

대만

중화민국 사람은 본토인과 달랐다

생애 첫 해외여행이 배낭 메고 나 홀로 세계여행이었다. 첫 도착지는 타이베이다. 중국영화를 많이 본 탓인지 사람들이 낯설지 않았고 거리의 간판에 적혀 있는 한자가 눈에 익어 부담이 없었다. 거리에는 중국 특유의 냄새가 났다. 좋은 냄새는 아니다. 우리나라에 온 외국인들도 우리나라만의 독특한 냄새가 난다고 했던 말이 기억났다.

세계로 향한 첫걸음을 내디딘다 생각하니 가슴이 벅차오른다. 앞으로 어떤 일들이 일어날지 기대가 된다.

두려움과 무서움은 없다.

내가 원해서 한 여행, 나 스스로에게 처음 준 선물이기 때문이다.

여행하면서 무슨 일을 만나든지 긍정적으로 받아들이고 즐길 마음의 준비가 되었다.

우리가 알고 있는 대만의 정식 국명은 중화민국이다.

아침 산책하는 중에 도로는 출근하는 오토바이의 물결로 가득해서 놀랐다. 처음 보는 생소한 도심 거리의 모습이다. 일반 승용차보다 훨씬 많았다. 이렇게 심한 매연과 소음을 앞으로 어떻게 해결할 것인지 괜한 걱정이 되었다.

국립대만 민주 기념당으로 먼저 발걸음을 옮겼다.

푸른 기와지붕과 하얀 대리석 벽으로 이루어져 인상적이다. 중정 기념관은 넓은 대지 위에 깔끔한 조경과 웅장한 건축물로 이루어졌고 자유와 평등의 정신적 의미가 있다고 한다. 중정은 장제스(1887~1975)의 본명이다. 통일 중국 이데올로기를 나타내며 자신들을 중심으로 통일을 이루자는 뜻이라고 한다. 본관을 오르는 89계단은 장제스가 89살까지 살았다는 상징적인 의미다. 이곳 사람들이 장제스를 어떻게 생각하는지 짐작하게 한다. 1975년 장제스 사망 후 해외 동포들이 많은 돈을 성금 해서 건립했다고 한다. 대만 건국 초기에 기업가들에게 세금을 안 받고 토지도 무상으로 제공한 것이 빨리 발전하게 되는 원동력이 되었다. 부정부패한 자들을 단호하게 처리한 것도 잘한 정치라고 생각한다.

본관 중앙에는 중화민국 초대 총통이며 제2의 국부로 대만 사람들이 사랑하고 존경하는 장제스 청동상이 보인다. 살아 있었을 때 강조하던 국정 목표인 윤리, 민주, 과학이 6.3m의 청동상 뒤에 새겨져 있다.

워싱턴에 있는 링컨기념관의 링컨 동상과 비슷한 분위기다. 근위병이 근엄한 부동자세로 서 있다. 땀과 콧물이 나면 어떻게 할까 궁금했는데 마침 관리인이 닦아주었다.

근위병 교대식은 흥미로운 구경거리가 된다. 제복 입고 절도 있는 의식은 집중해서 한 번 더 보게 된다. 남색은 공군, 청색은 육군, 흰색은 해군이다.

장제스는 김구 선생을 비롯한 많은 독립지사에게 후원했다. 유엔에서도 우리나라 독립을 위해서 노력했다고 한다. 대한민국 독립을 지원한 공로로 1953년 건국훈장 대한민국장을 수상했다. 한국전쟁 때 대만인들은 군대를 공식적으로 보낼 수 없어서 국군에 의용군으로 참전하였다.

다른 장소에서 근위병 후보생들이 집총 연습을 하고 있었다. 휴식시간에 총을 볼 수 있겠느냐고 하니 흔쾌히 총 한 자루를 건네주었다. 군 복무 중 행사를 앞두고 의장대에 차출되어 3개월 동안 의장대 의식훈련을 받아본 경험이 있기에 오랜만에 총 돌리기를 해보았다. 세월이 흘렀지만 팔이 기억하고 있었다.

길을 걷다가 중학교가 보여 무작정 학교로 들어가서 교실을 구경했다. 나무 책상과 검은 교복 입은 학생들을 보니 나의 중, 고등 학창 시절이 생각나서 정겨웠다. 쉬는 시간인지 교실에 학생들은 몇 명밖에 없다. 칠판에 한자가 가득 적혀 있다. 중국이니 당연한 사실인데 반갑고 신기하게 보였다. 미국 거지들이 우리에게 어려운 영어로 일상적인 대화를 하는 것이 당연한 일인 것처럼 중국 학교에서는 한문으로 공부하고 있었다. 중학생 때 한자를 열심히 암기했다. 그 당시 신문은 세로쓰기였고 글씨가 작았으며, 한글과 한자가 같이 적혀 있었다. 한겨레신문을 통해 한글만 있고 가로쓰기가 된 기사를 읽으면서 신문이 이렇게도 될 수 있구나 하고 신기했었다. 오래된 관습이 현시대에 맞게끔 변화되는 것을 처음 경험했다. 한자를 읽고 뜻을 알아가는 것이 재미있었다.

중국의 명절은 우리나라에 비해 훨씬 길다. 내일부터 연휴 기간인데 그

동안 은행은 물론이고 사설 환전소까지 문을 열지 않는다고 한다. 미처 생각하지 못한 일이다. 지금 지갑에 중국 돈이 많지 않다. 환전을 못해 중국 돈이 없으면 난감한 상황이 된다. 오늘 중으로 환전해 두어야 한다. 퇴근 시간 거리에서 용기를 내어 착한 인상의 아가씨에게 나의 사정을 설명하고 환전을 할 수 없겠냐고 물었다.

외국 청년의 갑작스러운 질문에 당황했을 텐데 아가씨는 지금은 돈이 많이 없고 집에 돈이 있다면서 집에 가면 바꾸어 줄 수 있다고 했다. '이렇게 감사할 수가.' 내 예상보다 더 좋은 일이 벌어지고 있었다. 여행하면서 현지인 가정집을 방문하는 것은 처음이다. 우롱차와 다과를 대접받았고 달러를 중국 돈으로 바꾸었다. 고마운 마음에 차를 대접하고 싶다고 말하니 좋다고 한다.

찻집에서 차를 주문했는데 주전자 채로 가져와서 신기했다. 그 아가씨는 여행에 관해서 여러 가지를 물었다. 영어로 의사소통이 원활하지 않을 때는 종이에 한자를 적어서 유쾌한 대화를 이어갔다. 여행에서 돌아오니 책상 위에 그녀에게서 온 반가운 안부 편지가 있었다. 지금 생각하면 어떻게 처음 보는 현지인 집에 갔으며 처음 보는 외국인을 자기 집으로 오라고 했을까? 그때만 해도 순수했던 것 같다.

이천육백 년 나무가 있는 아리 산과 소인국

천년의 세월도 긴데 이천육백 년 된 나무를 보았다. 사람들은 신목이라 부른다. 오랜 세월의 흐름 속에 햇살과 비를 맞으며 거친 풍파를 견디고 버티면 신의 경지에 오르는 것일까? 그동안 얼마나 많은 일들을 묵묵히 지켜보았을지 짐작이 된다. 생명 있는 존재는 어떠한 어려움 가운데서도 끝까지 살아남는 것이 이기는 것이다.

아리 산은 타이완 중남부에 있는 최고봉인데 높이가 2,663m다. 빨간 협궤 산림 기차가 아래 산허리를 굽이굽이 돌며 천천히 오른다. 알프스를 오르는 기차도 눈에 잘 띄는 빨간색이었다. 이날은 마침 비가 부슬부슬 내려 몽환적 분위기가 느껴지며 나름대로 운치가 있어 좋았다. 중학생 때 대구 미도 극장에서 많이 보았던 중국 영화에 등장하는 신선이 사는 무릉도원의 느낌이랄까! 아리따운 선녀가 탐스러운 복숭아를 가지고 나를 유혹하면 한 치의 망설임 없이 넘어가야지 생각했다. 선녀가 오기 전에 바위가 나를 먼저 마중 나왔다.

산사태와 지진으로 가끔 오래된 나무와 바위가 철도 위에 떨어져 기차 운행이 중단되기도 한다는 이야기를 들었다.

'우르르 우르르 쿵쾅'

'픽~ 끼이~익 끼이익~'

'덜커덩…'

큰 바위가 갑자기 굴러 달리는 기차 옆에 부딪혔다. 순간적으로 일어난 일이라 기차가 휘청거려 깜짝 놀랐다. 대만 사람들도 놀랐을 텐데 평소에 자주 경험한 탓인지 성격이 만만디라서 그런지 아우성이나 소란스러움이 없이 조용히 기다렸다. 내가 알고 있던 시끄러운 중국 사람이 아니었다. 바위를 치우는데 약 2시간 동안 운행이 중단될 것이라고 옆에 앉은 아저씨가 말해 주었다.

사고 난 덕분에 쉬어간다고 주위를 가벼운 마음으로 산책했다. 여행은 이렇듯 예치치 않은 일들이 가끔 생겨 당황하게 된다. 어떻게 받아들이는가에 따라 여행이 달라진다. 어차피 일어난 일을 가지고 안달할 필요는 없다. 긍정적으로 생각하고 받아들이면 마음이 편하다. 새로운 볼거리가

생겼으니 여행의 일부분으로 생각하고 즐기면 된다.

　아리 산에 있는 나무들의 수령은 보통 1,000년 이상 된 나무가 많다. 깊은 산 속에는 2,000년을 넘는 나무들도 있다고 하니 놀랍고 신기하다. 안개 자욱한 산속에 고목이 있으니 분위기가 영화 속의 한 장면 같다. 철길을 따라 걸으며 생뚱맞게 이브 몽탕이 부른 '고엽'을 나지막이 불러보았다.

　아리 산에 도착했다. 대만 아가씨 3명에게 길을 물었다. 동행하며 즐겁게 여기저기 구경했다. 그녀들은 친절하고 유쾌한 성격이었다. 배가 고파 맛집을 소개해 달라고 하니 아리 산에 오면 꼭 맛보아야 한다는 현지인들만이 찾는다는 식당으로 안내했다. 중국 요리 특유의 진한 향과 맛이 났다. 오늘 안내를 잘해준 것에 대한 감사의 마음으로 내가 계산하려고 하니 아가씨들은 한국에서 온 여행자를 위해 자기들이 계산하겠다고 한다. 그 마음이 고맙고 예뻐서 난 아이스크림을 샀다.

우리나라 사람 대부분은 사진 찍을 때 망부석처럼 경직되어 부동자세가 된다. 내가 본 중국 사람 대부분은 표정을 환하게 하고 다양한 포즈를 해서 보기 좋았다. 내가 만났던 대만 사람들은 대륙에 있는 중국 사람들과 달랐다. 무례하거나 불친절하지 않았고 예의가 있었고 친절했다. 공중도덕을 무시하거나 더럽지 않았고 준법정신이 강하고 깨끗했다. 시끄럽지 않고 조용했다. 일본 사람과 성격이 비슷한 것 같았다.

이유가 뭘까? 대만은 일본과 같은 섬나라라서 지진이 자주 발생한다. 자연재해가 많이 일어나는 자연환경의 영향으로 사람들이 겸손하고 온화한 것 같다. 또한, 분단 민족으로서 언젠가는 중국 대륙을 통일해야 한다는 생각을 가지고 있다고 했다. 아픈 경험을 하면 그만큼 성숙하게 되는 것은 사람도 나라도 같다.

소인국에 대한 기대가 있었다. 처음 구경했는데 세계에서 유명한 건축물을 그대로 축소해서 공원으로 만들었다. 걸으면서 거인이 되어 세계 일주 여행을 하는 듯했다. 어렸을 때 『걸리버 여행기』를 즐겨 읽었는데 이곳에서 간접적으로 어릴 때의 호기심을 자극하기에 충분했다. 정교하게 축소한 조형물을 보면서 중국 사람의 손재주가 뛰어나다고 생각했다.

혼자 다니는 여행의 최대 장점은 만남이다. 첫 해외여행이다. 정보도 많이 없어서 모르는 것이 많았다. 그때는 망설이지 않고 무조건 물었다. 그렇게 열린 마음으로 먼저 다가가니 여행자는 물론이고 현지인들과 이야기할 기회가 많았다. 한국 남자들, 특히 경상도 남자들은 남에게 잘 묻지 않고 혼자 가다가 되돌아오는 경우가 많다. 아마 동행자가 있었다면 서로에게 물으라고 했을지도 모른다. 여행하면서도 동행자에게 신경을 쓰고 의견을 조율해야 할 상황도 생길 것이다. 많은 만남이 있었다. 대부분 짧은 만남이었지만 함께한 그곳이 좋은 기억으로 남는다. 아름다운 풍경도 좋았지만, 그들과 함께했기에 대만은 정감 있는 나라로 지금까지 남아있다. 그래서 여행은 만남이다.

대만과의 국교 단절 - 중정 공원

중정 공원은 전체면적이 25만 제곱미터다. 계단 위에 올라서면 웬만한 대학 캠퍼스보다 넓어서 시야가 탁 트인 조망이 눈과 가슴을 시원하게 한다. 복잡한 도심보다는 자연이 있는 곳이 좋다. 명나라 양식의 아치가 정문이며 우아하고 화려하다. 양쪽으로 전통적인 커다란 건물이 우뚝 서 있다. 오른쪽은 세종문화회관과 비슷한 기능을 하는 곳으로 연극과 공연을 하는 국립희극원이 있다. 왼쪽은 예술의 전당과 비슷한 기능을 하는 곳으로 콘서트와 음악회를 공연하는 국립 음악당이 있다.

공원 안에 있는 전시관에서 중국의 혁명적 민주주의자이며 중국과 대만인과 56개 민족에게 추앙받는 국부 쑨원(1866~1925)의 일대기를 보았다. 쑨원은 1911년 신해혁명을 통해 중화민국을 설립함과 동시에 초대 대통령이 되었다. 중국의 전제정치를 무너뜨리고 민주 공화정을 세웠다. 세계사 공부를 하면서 민족주의, 민권주의, 민생주의 즉 삼민주의를 외웠던 기억이 난다.

쑨원의 부인은 송경령이다. 쑨원과 장제스는 스승과 제자 사이면서 송씨 집안의 자매들과 결혼하여 동서지간이다. 장제스의 4번째 부인인 송미령(1897~2003)은 당나라 측천무후(630~705), 청나라 서태후(1835~1908)와 더

불어 중국의 3대 여걸로 불린다. 7개 국어를 구사하며 미술과 다방면에 재능이 많았고 패셔니스트였다. 카이로 회담(1943년 11월 20일)에서 일본의 무조건 항복과 한국의 독립을 보장하였다. 사진을 보면 미국의 루스벨트 대통령, 영국의 처칠 수상, 장제스 총통이 있는데 부인인 송미령 여사가 함께 환담한다. 장제스 총통에게 그녀는 통역을 하고 정치적인 조력자였다. 장제스는 쑨원 후계자로 각인되고 싶어서 타이베이에 쑨원의 대형 기념관을 만들었다.

증산복은 쑨원의 별명인 증산에서 이름을 딴 것인데 실용적이고 편안해서 중국인들에게 사랑을 받고 있다. 인민복이라 부르는데 공산당을 연상시키는 옷이어서 그렇게 좋아 보이지는 않았다. 옷소매에 달린 단추 3개는 쑨원의 사상이 담긴 삼민주의를 표현하고 있다. 쑨원은 1962년에 대한민국 독립의 공을 인정받아 건국훈장을 받았다. 우리나라에도 존경받는 정치지도자가 있으면 좋겠다.

> "대한민국 정부는 중화인민공화국 정부를 중국의 유일한 합법 정부로 승인하며 오직 하나의 중국만 있고 대만은 중국 일부분이라는 중국의 입장을 존중한다."

1992년 8월 24일 한국과 중국이 적대관계를 청산하고 국교를 체결하고 전통적으로 우호국 관계를 유지하였던 대만과는 단교했다. 한중 수교는 서로 경제적 도움을 주고받고 대만을 고립시킬 수 있다고 판단한 덩샤오핑이 큰 역할을 했다. 혈맹 국가인 대만에게 갑자기 뒤통수를 친 것이며 의리를 저버리고 배신을 하였다. 대만 사람들은 분노하고 데모를 하였다. 그들의 마음을 충분히 이해한다.

1992년 3월에 대만을 여행했다. 몇 달 늦게 출발하였다면 대만 사람들의 따가운 눈총과 미안함으로 마음 편하게 여행하기 힘들었을 것이다. 단교 소식을 듣자마자 여행하면서 만났던 친절한 사람들의 얼굴이 먼저 떠올랐다.

세월이 약이라고 한다. 그러나 큰 상처는 오랫동안 남는 법이다. 영원한 친구도 영원한 원수도 없다는 것을 역사를 통해서 배우게 된다. 시대의 변천에 따라 역사의 흐름이 언제라도 뒤바뀔 수 있기 때문이다. 이제는 한국과 대만이 미래를 위한 바람직한 동반자로서 새로운 발걸음을 시작해야 한다고 생각한다. 우리나라는 중국, 일본, 러시아에 둘러싸인 지정학적 특성을 전략적 가치로 잘 활용해야겠다. 위기를 기회로 만들어 장기적으로 국익을 극대화하는 외교 능력을 잘 발휘하기를 기대한다.

홍콩

기억 저편에서 영화의 한 장면을 꺼내본다

홍콩에 가면 놀이공원처럼 화려하게 반짝반짝 빛나며 재미있고 신날 줄만 알았다. 왜냐하면, 어렸을 때 기분 좋은 일을 경험하게 할 때 홍콩 보내준다는 말을 들었기 때문이다.

도로에서 처음 본 빨간 이층 버스가 특이했다. 영국에만 있는 줄 알았는데 이곳에서 보게 되다니. 게스트하우스를 찾아가는데 거리에 흑인들이 많았다. 흑인을 이렇게 가까이에서 많이 본 것은 처음이다. 여기가 '홍콩이 아니고 미국인가?' 하는 생각이 들 정도였다. 게스트하우스가 있는 건물 7층으로 올라가는 엘리베이터 안에는 덩치 큰 흑인들뿐이었다. 건들거리는 흑인들 사이에서 마음이 편치 않았다. 만약에 백인이었다면 마음이 편했을까? 혹시 시비 걸 것을 대비하여 주먹을 불끈 쥐었다. 그런데 뜻밖에도 나에게 인사를 하고 안부를 물었다. 큰 덩치와 하얗게 이를 드러내고 웃는 모습이 귀엽기조차 했다. 게스트하우스에 도착해 체크인하고 도미토리 8인실에 들어가서 먼저 온 여행자들에게 간단하게 인사하고 씻고 피곤해서 단잠을 잘 잤다.

홍콩에 도착했다는 설렘으로 일찍 눈이 떠져 아침 산책을 나왔다. 공원에 많은 사람들이 모여 기체조와 태극권을 하는 것을 보고 중국사람이 사는 홍콩에 왔다는 것을 실감했다. 슬며시 뒤에서 어설프게 따라 해 보았다. 아침 식사로 중국음식이 아닌 햄버거를 사 먹었다.

안내 책자에는 '세상 어디에서도 비슷한 곳을 찾아보기 힘든 홍콩에서는 동서양의 문화가 독특하게 섞여 있어 특별한 경험을 해볼 수 있다.'라고 적혀있다. 하늘은 하루 종일 잔뜩 찌푸려져 우중충하고 습했다. 해양성 기후라 맑은 날이 드물다고 한다. 비가 자주 오기 때문에 건물 페인트는 여기저기 벗겨져 낡았는데 다시 칠하지 않는다. 창문마다 기다란 장대에 빨래가 걸려있는 것도 신기한 풍광이었다. 비가 내려도 빨래를 걷지 않고 그대로 두었다. '언젠가는 마르겠지 하는 마음인가?' 하는 생각이 들었다.

몇 년 전 영화 '영웅본색'을 관람하고 알 수 없는 감동으로 가슴이 벅찼었다. 홍콩에 오면 혹시 내가 알고 있는 영화배우를 볼 수 있지 않을까 하는 기대감이 있었는데 만나지는 못했다.

홍콩의 야경은 백만 불이라고 불릴 정도로 화려하다는 소문을 들었다. 지금은 경기가 안 좋아져서 오십만 불 정도는 된다고 하지만 여전히 화려하고 멋있었다. 어둠은 모든 것을 덮어주며 불빛은 특정한 곳을 신비하게 보여주는 것 같다.

세중 투어 변 과장님이 나의 세계여행을 응원해 주시고 몇 개 국에서 현직으로 활동하고 있는 가이드 명함 몇 장 주며 찾아가 보라고 했다. 명함을 들고 여행사에 찾아가니 가이드 누님이 반갑게 맞이해 주셨다. 마침 한국에서 온 관광객 팀이 있다며 같이 가자고 하셨다. 관광객들에게 한국에서 온 동생이라고 소개하고 패키지 홍콩 여행을 함께했다. 점보 식당에서는 가이드들만 따로 먹는 곳에서 식사했는데 메뉴는 관광객 테이블에 있는 음식과 비교해서 단출했다.

바다가 보이는 전망 좋은 곳에서 관람한 다이빙쇼과 돌고래쇼가 특별하게 기억에 남았다. 돌고래가 재주를 부리기 위해서 얼마나 많은 훈련을 받았을까 생각하니 돌고래의 머리 좋은 것보다 측은한 생각이 들었다.

저녁 식사 후 관광객들이 호텔에 체크인하는 것을 도와 드렸다. 아주머니 몇 분께서 혼자 세계여행하는 것이 대견하다며 먹거리 몇 가지를 챙겨 주셨다.

가이드 누님이 숙소가 어디냐고 묻더니 그곳은 위험한 지역이라고 했다. 홍콩에 살면서 한 번도 가지 않았다고 말했다. 한인교회 목사님에게 전화를 해서 교회에 있는 게스트하우스에서 며칠 동안 머물도록 배려해 주셨다. '하나님께서 나를 이렇게 인도하시는구나!' 하며 감사의 기도를 드렸다.

목사님 가족과 체육관에 열린 유명한 부흥 목사님 집회에 참석했다. 홍콩에는 기독교 인구가 4%도 안 된다는데 실내체육관을 가득 메운 사람들의 뜨거운 열기에 놀랐다. 이 또한 처음 경험하는 것이다. 목사님께서 방언을 받았냐고 물으셨다. 아직 안 받았다고 하니 머리에 손을 얹고 안수기도를 해 주셨다.

다음날 시내 구경을 즐겁게 다니며 저녁 식사 후 늦은 밤에 교회로 돌아왔다. 이곳에 있는 건물 대부분의 출입구는 철제로 이중, 삼중으로 되어 있다. 교회가 있는 건물 역시 이중 철문으로 되어 첫 문을 들어가서 다시 비밀번호를 입력해야 한다. 첫 문은 통과했으나 두 번째 문은 비밀번호를 잘못 적었는지 열리지 않았다. 중간에서 오도 가도 못하고 꼼짝없이 갇혔다. 늦은 밤이라 지나가는 사람도 보이지 않았다. 30분 정도 지났을 때 지나가는 중국 사람에게 소리를 질러 불렀다. 영어가 안 통해서 바디랭귀지로 휴대전화를 빌렸다. 목사님에게 전화해서 비밀번호를 알아 철문을 열고 방으로 들어왔다. 짧은 시간이지만 감옥에서 해방된듯한 안도의 한숨을 내쉬었다.

마카오

아시아에서 유럽을 느꼈다

나에게 선물로 다른 세상을 경험하게 해주고 싶었다. 그런 점에서 여행은 최상의 선택이었다. 아시아를 시작으로 유럽, 네팔, 히말라야 트레킹과 인도 여행을 계획했다.

"세계는 한 권의 책이다. 여행하지 않는 자는 그 책의 단지 한 페이지만 읽을 뿐이다."

여행에 관한 명언 가운데 내가 제일 좋아하는 글인데 '성 아우구스티누스'가 말했다.

『프린세스 심플 라이프』에서는 '여행이란 일상에서 영원히 탈출하는 것이 아니다. 좀 더 새로워진 나를 만나는 통로이며, 넓어진 시야와 마인드 그리고 가득 충전된 에너지를 가지고 일상으로 돌아오게 하는 것이다.'라고 적혀 있다.

　마카오는 이름에서부터 뭔가 느낌이 있다. 홍콩에서 배를 타고 갔다. 약 60km 떨어져 있고 중국 광저우에서는 약 145㎞ 떨어져 있다. '아시아의 작은 유럽', '동양의 라스베이거스'라는 애칭이 있다. 흥미로운 것은 오래된 중국식 건물들이 즐비한 거리를 걷다가 길 하나만 건너면 유럽풍 건물이 많이 보인다는 것이다. 한 도시에 전혀 다른 건물과 풍광이 존재하는 것이 이해가 잘 안 되면서 신기했다. 작은 도시에서 동서양을 동시에 볼 수 있었다. 거리를 걷다 보면 혼혈인들이 많이 보였는데 이 또한 이국적이었다. 혼혈인의 입에서 중국어가 나오는 것을 보면서 언어라는 것이 선천적이 아니라 후천적인 환경에 따라서 달라질 수 있다는 것을 알았다. 거리에는 광둥어가 시끄럽게 쏟아지고 있었다. 내가 알아듣지 못하기 때문에 소음으로 들렸다. 그러나 펄떡펄떡 살아있는 생동감이 느껴졌다. 지도를 들고 관광지를 찾아가다가 모르는 길이 나올 경우 할 수 없이 무뚝뚝해 보이는 사람에게 길을 물으면 기다렸다는 듯이 환한 얼굴로 친절하게 가르쳐 주었다.

　현지인이 즐겨 찾는다는 맛집이라고 가르쳐 준 중국 식당에 갔다. 종업원이 요리 접시를 식탁 가운데 두어 내 앞으로 접시를 옮기니 가만히 두라고 화를 내었다. 수고를 덜어주려고 했는데 순간적으로 놀랐다. 그는 무례하고 서비스 정신이 부족했다. 음식의 맛보다 불친절이 더 오래 남았다.

　마카오에는 세계문화유산으로 등재된 건축물과 광장이 30개나 있다. 포르투갈의 영향을 받아 유럽의 정취가 진하게 배어 있었다. 대표적인 관광지 중 하나인 건물의 정면만 남아 있는 '성 바울 성당'으로 갔다. 계단 66개를 오르니 바로크 양식의 파사드 건축물이 나를 반기는 듯 우뚝 서 있다. 특이하면서 외로워 보였다. 비가 부슬부슬 내리며 안개 자욱한 주변을 둘러보는 것은 색다른 경험이었다. 1594년에 설립되어 1762년 문을 닫은 아시아 최초의 유럽식 대학이다. 대학 일부가 남아 성 바울 성당으로 재탄생되었다. 1835년 원인을 알 수 없는 불이 나서 성당 건물 전면만 남은 채 모두 소실되었다. 지금까지 약 170년 넘게 마카오에서 현지인과 관광객들에게 사랑받고 있다.

비슷하게 생긴 거리에 비슷하게 생긴 사람들이 오고 가는데 홍콩과는 또 다른 분위기가 느껴진다.

마카오는 아시아의 다른 나라와 마찬가지로 식민지를 오랫동안 받아온 사연이 많은 나라다. 그래서 흐린 날이 많고 비가 자주 오는 것은 나만의 생각일까? 포르투갈은 1680년에 마카오로 총독을 파견하였다. 그 당시에 험난한 바닷길을 헤치며 멀리도 왔다는 생각이 든다. 1849년 마카오를 자유무역항으로 선포하고 마카오를 점령했다. 1999년 12월 20일 마카오는 포르투갈에서 중국으로 주권이 반환되었다. 생각보다 독립이 늦게 되었다. 현재 정식 명칭은 중화인민공화국 마카오 특별행정구이다.

2. 동남아시아

(필리핀, 인도네시아, 싱가포르, 말레이시아, 태국)

필리핀

제2의 고향이 될 줄이야!

마닐라 공항에 오후 늦게 도착했다. 더운 열기가 혹하고 바지를 휘감으며 온몸으로 밀려온다. 옷 입고 사우나에 들어온 기분이다. 이런 느낌은 좋아하지 않는다. 시내버스를 타고 다운타운인 말라테에 도착했다. 가이드 북에 적힌 주소를 가지고 게스트하우스로 무작정 걸어갔다. 날씨는 더웠고 온몸은 무거운 배낭으로 땀 범벅이 되고 배도 고팠다. 일단 숙소를 찾아가는 것이 우선이므로 사람들에게 물어물어 길을 걸었다. 처음 걷는 길이지만 다행히 위험하다고는 느껴지지 않았다. 식당 입구마다 경호원이 장총을 들고 지키고 있었다. 식당 앞에서 총을 들고 있는 것도 신기하고 총을 가지고 있는 것 또한 이상했다. 우리나라에서는 보지 못한 광경이어서 더욱 그런 것 같다. 그들이 들고 있는 총의 종류는 다양했다. 구형 샷건, 산탄장총, 권총들로 제대로 작동할까 하는 의구심이 들었다. 총기사고는 일어나지 않을까?

아침은 어느 나라든 활기차고 생동감을 준다. 집 앞과 거리를 청소하고 물을 뿌리고 있는 사람들이 옛날 우리의 모습을 보는 것 같아서 정겹게 느껴졌다. 식당 앞에는 처음 보는 음식들이 진열되어 있었다. 음식 중에는 진한 색깔과 강한 향신료로 언뜻 손이 가지 않은 음식도 보였다. 먹고 싶은 것을 골라서 계산한 후 먹었는데 선택한 음식들은 맛있었다. 거리는 한눈에 보아도 가난해 보이는 서민들의 일상생활임을 알 수 있다. 나와 눈이 마주치면 대부분 순박하게 활짝 웃는 얼굴과 길을 물으면 잘 모르더라도 친절하게 알려 주려는 호의가 전해진다. 문제는 엉뚱한 곳을 가르쳐 주어 몇 번 헛걸음을 하게 만들었다. 차라리 모르면 모른다고 말하면 더 좋았을 것이다.

현대 속에 중세의 분위기를 느끼게 한다는 '성의 안쪽'이라는 뜻의 '인트라무로스'에 가보았다. 16세기 스페인이 통치하던 시기에 건축되었다. 성 안을 걸으니 유럽 중세시대부터 있었던 대성당과 건축물들이 많아서 스페인의 어느 도시를 걷는 것 같았다. 두텁고 높은 성벽을 경계로 바깥과는 풍광이 전혀 다른 세계였다. 정복자들은 이렇게 자기들만의 성을 만들어 놓고 살았다. 바깥세상의 가난한 생활상을 보았기에 나눔과 섬김을 상징하는 웅장한 성당 안의 황금 장식들이 마음을 불편하게 했다. 예수님이라면 어떻게 하셨을까?

저녁 무렵 선선한 바닷바람을 맞으며 마닐라 베이를 걸었다. 아름다운 빛깔로 물들어가는 하늘과 바다를 보니 감탄사가 저절로 나왔다. 지금까지 이렇게 화려한 낙조는 본 적이 없었다. 필리핀에서 큰 선물을 받은 것 같다. 나무의자에 앉아 소경이 해주는 마사지를 받으며 서서히 해가 지는 노을을 지켜보았다. 역시 사람 손이 여독으로 뭉쳐진 어깨 근육을 살뜰하게 풀어준다. 마음과 몸이 말랑말랑해져 간다.

바다에서 불어오는 시원한 바람에 실려 오는 올드 팝송이 여행자를 미소 짓게 한다. 춤을 좋아하는 필리피노와 필리피나들의 웃는 얼굴과 흥겨운 몸짓에서 즐거움이 느껴진다. 그들은 온몸으로 밤을 즐기고 있었다.

'필리핀이 이런 곳이구나!'

노천카페에서 여가수가 '아낙'을 불렀다.

'맞아! 이 노래를 부른 가수가 긴 머리의 필리핀 가수였지.'

오랜만에 들어보는 노래였다. 1970년대 전 세계에 돌풍을 불러일으켰던 필리핀의 명곡 '아낙'을 현지에서 들으니 새삼스러웠다. 프레디 아길라 (1953~)가 불렀던 타갈로그어가 특이하게 들린 기억이 난다.

"사랑하는 나의 아들아 네가 태어나던 그 날 밤
엄마 아빠는 꿈이 이루어지는 걸 보았지.
넌 우리에게 너무나 소중한 아이였지.
네가 방긋 웃을 때마다 우린 기뻐했고
네가 울 때마다 우린 네 곁을 떠나지 않았단다.
그런데 무엇이 너를 변하게 했는지 우릴 떠나고 싶어 하는 것 같구나.
아들아 지금 후회의 눈물을 흘리고 있구나.
네가 가야 하는 곳이 어디든지 우린 문을 열고 기다리고 있단다."

성경 속에 '탕자 이야기'가 자연스럽게 떠올랐다. 아빠가 되지 않았지만, 아빠의 마음이 그대로 전해지는 가사였다. 나의 아버지 어머니께서도 큰아들이 어디에서 어떻게 잘 지내고 있는지, 밥은 제대로 먹고 다니는지 걱정하고 계시겠구나 하는 생각이 들었다. '아낙'은 타갈로그어로 아이, 자녀라는 뜻이다.

필리핀은 천혜의 아름다운 자연환경을 많이 가진 나라다.

적도에서 약간 북쪽, 아시아 대륙 남동쪽의 서태평양에 7,000여 개의 섬으로 구성되어 있다. 1565년부터 스페인이 정복하여 지배를 받았다. 1898년 독립을 선언하였으나 스페인-미국 전쟁으로 미국의 지배를 받게 되었다. 1943년 일본 점령을 거쳐 1945년 미국군이 탈환한 후 독립하였다. 1950년 9월 한국 전쟁 때 7,420명이 참전하여 112명이 전사하고 299명이 부상당했다. 몰랐는데 필리핀도 우리의 혈맹 국가였다. 유엔 참전국 16개국은 5대륙에서 골고루 참전한 것이 신기하고 뭔가 의미가 있는 것 같다.

예전에는 우리나라보다 훨씬 잘 살았다고 하는데 지금은 그렇지 못하다. 노숙하는 가난한 사람들의 생활을 보면서 따뜻한 나라여서 다행이라는 생각이 들었다. 필리핀과 인연이 되려고 했나 보다. 2004년 10월부터 2007년 5월까지 필리핀에서 살게 될 줄은 이때는 몰랐었다. 지금 돌이켜 생각하니 그때의 생활이 그리울 만큼 좋았다.

인도네시아

내 삶에도 인생 안내센터가 있으면 좋겠다

인도네시아 자카르타에 도착하여 게스트하우스 내 방문을 여니 작은 도마뱀 세 마리가 벽과 천장에 기어 다녔다. 순간적으로 놀라서 흠칫했다. 따라온 매니저가 도마뱀은 나쁜 벌레를 잡아먹는 좋은 파충류라면서 괜찮다고 웃으며 말했다. 그래도 한 방에 같이 있는 것은 무서워 바깥으로 보냈다.

매일 아침 방문을 열면 방 앞에 놓인 테이블 위에 작은 선반이 놓여 있었고 몽키 바나나 한 다발, 과일 몇 알과 따뜻한 홍차가 있었다. 대접받는 기분이 들어 좋았다. 차를 마시며 눈에 들어오는 정원의 이국적인 풍광이 보기 좋았고 신선한 아침 공기에 미소를 짓곤 했다. 성경을 읽고 잠시 묵상한 후 단전호흡으로 하루를 시작한다. 오늘은 어떤 일들과 함께할지 설렘이 가득한 마음으로 기대하게 된다.

모르는 것은 주저 없이 묻는 것이 여행할 때 제일 좋은 방법이다. 모르는 것을 묻는 것은 부끄러운 일이 아니며 살아가는 데 도움이 된다고 생각한다. 낯선 장소에 도착해서 여행 안내센터가 있으면 반갑고 제일 좋다. 그 지역에 관한 역사와 궁금한 점을 물어보고 자세한 안내 설명을 듣고 지도를 받고 나오면 마음이 든든해진다. 머릿속에는 여행 코스가 그려져 가고 있다. 살아가면서 선택의 갈림길이나 몰라서 고민되는 순간에 이렇게 지도 한 장을 주면서 조언을 해 주는 사람이 있으면 좋겠다. 시행착오를 줄일 수 있고 최선의 길로 가면 실수와 후회를 덜 할 것 같다. 실패로 인해 고통스러운 그 시간에 다른 건설적인 일을 할 수 있지 않을까 하는 부질없는 생각을 해보았다.

요즘 산을 오를 때 김윤아의 '길'을 즐겨 부른다.

"아무도 가르쳐 주지 않아
이 길이 옳은지 다른 길로 가야 할지
난 저길 저 끝에 다다르면 멈추겠지
끝이라며
가로막힌 미로 앞에 서 있어
내 길을 물어도 대답 없는 메아리
어제와 똑같은 이 길에 머물지 몰라
저 거미줄 끝에 꼭 매달린 것처럼
세상 어딘가
저 길 가장 구석에
갈 길을 잃은 나를 찾아야만 해"

인도네시아는 '불의 고리'에 있어서 화산활동이 지금도 활발하다. 환태평양 지진대에 속해 있고 전 세계 화산 활동 지역의 약 70%를 차지한다. 활화산은 139개로 세계에서 제일 많다. 현재 70여 개의 활화산이 살아 움직이고 있다고 한다. 그야말로 발아래 불구덩이를 가지고 산다고 할 수 있다. 얼마나 불안할 것인가? 이러한 환경이므로 인도네시아 사람들은 자연과 신들에게 겸손할 수밖에 없었다. 신의 은총과 자비를 구하는 것일까? 하루 중 많은 시간을 제사를 준비하고 제사를 드리는 데 보내는 것 같다.

자바 섬에 있는 브로모 화산을 보기 위해 베이스캠프인 써모리라왕 마을에 왔다. 이름이 재미있다. 이곳은 해발 2,000m가 넘는 곳이어서 동남아시아가 아니라 네팔에 있는 산간 마을에 온 듯하다. 오지 마을인 이곳에서 이틀을 머무르면서 순박한 청년들과 잘 어울려 지냈다. 그들은 난생 처음 들어 보는 한국이라는 나라에서 왔다는 것이 신기한 것 같았다. 한밤중 2시에 일어나 브로모 화산에 오르기 위해 기본적인 기능만 가진 오래되고 자리가 불편한 지프차를 탔다. 옆이 하나도 보이지 않은 캄캄한 어둠 속을 달린다. 비탈지고 거친 산을 오르는 것 같은데 차라리 주위가 보이지 않는 것이 다행이라는 생각이 들었다. 40분가량 온몸을 흔들흔들 거리며 산길을 달려 내렸다. 여기서부터 정상까지 걸어야 했다. 칠흑같이 캄캄한 길을 랜턴을 비추어 걸으니 우주에 있는 어느 행성을 걷는 것 같았다. 적막한 고요함 속에 여행자들의 발소리만 들리고 어둠 속에서 한 줄기 랜턴 불빛들이 끊임없이 이어진다. 저들은 무슨 생각을 하며 걷고 있을지 궁금했다. 날씨가 흐려서 별들이 자고 있다.

화산재인 듯 검은 흙들이 발자국을 옮길 때마다 푸석푸석한 느낌이 들었다. 백사장보다는 훨씬 거칠다고 생각했다. 브로모 화산 정상에 가까이 다가갈수록 진한 유황 냄새가 코를 자극했다. 어둠이 서서히 걷히면서 드러나는 원뿔꼴의 거대한 산에서 뿜어 나는 연기를 보니 처음 보는 거

대한 활화산이 살아 숨 쉬는 것 같다. 거대한 생명체가 진한 유황 가스로 본인의 존재를 알리는 것 같다. 살아 역동하는 지구의 뜨거운 숨소리와 생동감 있는 힘찬 심장 박동 소리가 들리는 듯하다.

가쁜 숨을 몰아쉬며 정상에 오르니 분화로 생긴 넓은 칼데라 호수가 있다. 둘레 지름이 300m로 한라산보다 훨씬 넓다. 땀은 벌써 식었고 서늘한 아침 기온으로 추웠다. 따뜻한 태양 볕에 몸을 녹이고자 빨리 솟아나기를 바랐다. 잠시 후 떠오르는 태양으로 인해 어둠이 걷히는 모습은 신비롭고 황홀했다. 붉은 태양이 강한 빛을 내며 지평선 너머에서 천천히 떠오르고 있었다. 걸어온 검푸른 넓은 광야가 생각보다 넓어서 장관이다. 저 멀리 지평선이 보인다. 누군가가 세계 3대 일출이라고 환호성을 지른다. 일출을 보기 힘들다고 하는데 난 지금 세계 3대 일출을 보면서 감동하고 있다. 함께 걸어온 일행의 얼굴들이 진한 감동으로 붉게 타오르고 있다.

"야호~ 원더풀~ 판타스틱~ 뷰티풀~"

눈과 표정으로 친구가 되었다

눈과 얼굴 표정을 보면 현재 그 사람의 마음을 알 수 있다. 얼굴과 몸짓은 소리는 나지 않지만 마음속 이야기를 하고 있다. 작은 마을에 갑자기 나타난 키다리 아저씨를 보는 꼬마들의 얼굴에서 낯선 이방인을 경계하며 호기심이 가득한 눈길이 느껴진다.

"저 아저씨는 누구지?"

사람의 마음은 복잡하면서도 단순하다. 팔짱을 꼈다는 것은 마음이 불편하다는 무언의 몸짓이다. 양미간을 찌푸렸다는 것은 무엇인가 못마땅하다는 마음의 표현이다. 시선을 외면하고 자기 일을 한다는 것은 나의 행동에 관심이 없다는 것이다. 반갑게 나를 맞이하지는 않았다. 모두가 같은 마음일 수는 없다. 이 아이들은 그런 마음이구나 하고 알고 있으면 된다. 걸어가는 나를 호기심 가득한 눈으로 멀찌감치 떨어져서 따라온다. 아이들을 쳐다보며 싱긋 웃으며 "하이" 하고 손을 흔들었다. 아이들은 뭐가 우스운지 킥킥 손으로 입을 가리고 웃는다. 귀여운 아이들이다. 몇 명은 내가 우스꽝스러운 표정을 지으면 까르르 웃으며 부끄러운 듯 숨는다. 아이들에게는 낯선 사람이 당연히 어색하고 조심스럽다. 우연한 일이 계기가 되어 한바탕 크게 웃게 되면 경계의 담장은 쉽게 허물어진다. 얼마의 시간이 흘렀을까? 어느새 내 주위에 아이들이 모여들었다. 잠시 후 우리들은 스스럼없이 어울려 같은 놀이를 하고 있었다. 함께 달리기도 하고, 공차기도 하고, 자전거를 잡아주기도 한다. 단순하지만 재미있어 시간 가는 줄 모르게 놀았다. 그래서 난 아이들의 순수함이 좋다.

사이좋게 어깨동무를 하고 있는 아이들이 사랑스럽고 귀엽다. 어렸을 때 할아버지 집 마당에서 동네 친구와 어깨동무를 하고 손을 흔드는 흑백사진을 가지고 있다. 서로에게 어깨를 내어준다는 것은 친하다는 증거다. 그러고 보니 성인이 되어 어깨동무한 적이 없다. 누군가와 어깨동무하고 싶고 손을 잡고 걷고 싶다. 누군가에게 편하게 기댈 수 있는 어깨를 내어주는 사람이 되고 싶다.

수줍게 미소 짓는 아가씨들에게서 입안이 환해지는 박하 향이 난다. 제사에 사용할 제물을 머리에 이고 걸어간다. 얼굴은 맑고 순수한 미소를 짓는다. 무뚝뚝한 남자들보다 자신의 마음을 잘 보여준다. 지역마다 자라는 꽃들이 다르듯이 사람들의 얼굴도 다르고 느낌도 제각각이다. 재잘거리며 환하게 웃는 아가씨들의 얼굴에서 한 송이 들꽃의 노래를 듣는다.

인생을 살다 보면 많은 것이 필요하지 않다. 대부분 사용하는 것만 사용하게 된다. 특히 배낭여행 중일 때는 배낭에 담긴 물건만 있으면 된다. 많으면 오히려 짐만 되고 무겁다. 빈손으로 와서 옷 한 벌을 건져서 행복하다는 대중 가사가 생각난다. 소풍 온 것처럼 잠시 즐기다가 돌아가는 것이 인생이다. 부질없는 욕심으로 세월을 낭비하고 싶지 않다. 지금 나에게 있는 것에 감사하자. 남과 비교하지 말자. 없는 것을 가지려고 애쓰지 말자. 쓸데없는 일에 힘쓰지 말자. 되지 않는 일을 이루기 위해 억지 부리지 말자. 가진 것 많이 없이 지금 여행하고 있는 이 순간이 참 좋다.

신비로운 거대한 섬

"Hi, Good morning."

며칠을 보았다고 친근감이 들어 만나는 사람들이 반갑다. 웃으며 손을 흔들며 아침 인사를 건네면 모두 환한 얼굴로 화답을 한다. 가벼운 체조로 몸을 풀고 태권도와 특공무술 기본 동작으로 아침 운동을 하면 신기하게 쳐다보는 눈길이 느껴진다. 동양인이 특이한 행동을 하니 구경거리가 되는 것 같다. 게스트하우스에서는 술과 담배를 하지 않는 한국에서 온 조용한 청년에게 사람들은 호감을 표시했다. 여행자들 몇 명은 한국사람은 모두 무술을 잘하는지 물었다.

유명 관광지는 현지 여행사에서 주관하는 다양한 종류의 투어 상품이 있다. 12인승 미니버스가 호텔을 돌아다니며 예약한 사람들을 태운다. 여러 나라에서 온 사람들과 가볍게 인사를 한다. 하루 종일 같이 관광을 다니다 보면 자연스럽게 이야기하게 된다. 네덜란드에서 온 부부는 계단식

논이 너무 신기하다며 놀라워했다. 유럽 여행을 하면서 처음 보는 풍광을 보면서 느꼈던 느낌과 비슷한 것 같다. 우리나라에도 많이 있다고 하니 신기한 듯 그런가 하며 눈을 동그랗게 떴다. 다른 점은 이곳은 동남아시아이기 때문에 일 년에 3번 수확을 한다고 말하면 나의 해박한(?) 지식에 칭찬을 아끼지 않는다. 한국에 관심이 많았던 말레이시아 사업가는 명함을 주면서 쿠알라룸푸르에 오면 꼭 찾아오라고 했다.

가장 인상 깊었던 곳은 영화 '빠삐용'(1973) 촬영 장소였다. 좋아하는 영화를 이곳에서 촬영했다고 하니 반갑고 신기했다. 영화의 주제는 자유를 갈망하며 끊임없는 도전하는 주인공의 일생을 그렸다. 주인공은 왜 그토록 자유의 몸이 되기 위해 평생을 노력했을까? 결국 코코넛 열매로 만든 뗏목을 던져 무인도에서 탈출에 성공하여 하늘을 보며 호탕하게 웃는 스티븐 맥퀸의 마지막 장면이 가슴 뭉클했었다. 주제곡의 멋진 선율을 떠올리며 흥얼거렸다. 보통 사람들은 주어진 환경에 순응하며 평범하게 살고 있다. 어쩌면 나도 자유를 찾아 여행하고 있는 것 같다. 살아가는 동안 자기가 하고 싶은 일을 도전하면 성취하는 기쁨이 클 것이다.

인도네시아 여러 지역을 관광하면서 한국 사람은 못 만나고 일본 사람들은 단체로 많이 보이고 개별적으로 여행 온 사람들도 많았다. 일본이 잘산다고 하더니 도로에도 대부분 일본차들이어서 새삼 국력을 실감했다.

언젠가는 이곳에도 대한민국 차들이 많이 보이고 우리나라 사람들도 많이 여행올 것을 기대한다.

여행을 하면서 새로운 눈이 서서히 열리고 있다. 사람들이 나에게 혼자하는 배낭여행의 장점에 대해서 묻는다. 일단 집을 나서는 순간부터 여행이다. 단지 해외여행은 처음 보고 경험하는 것이 많기 때문에 모든 것이 새롭다. 여러 가지 이야기를 하지만 두 가지로 요약된다.

 첫째는 물질에 대한 욕심이 줄어들게 되어 자연스럽게 마음을 비우는 것을 체득하게 된다. 현재 많은 것을 가지고 있지 않지만 상대적인 빈곤감은 덜 느끼게 된다. 그 이유는 패키지여행자들이 아니라 비슷한 배낭여행자들을 많이 만나기 때문이다. 내가 짊어질 수 있는 배낭의 무게만큼 어깨에 메고 여행한다. 마음에 드는 곳이라도 오랫동안 머무르지 않는다. 우리의 유한한 삶도 비슷하지 않을까? 인생은 각자 주어진 시간 여행을 하는 것이기 때문이다. 누군가에는 즐거운 소풍이 되며 누군가에는 고생스러운 긴 여행이 되기도 한다.

 둘째는 사람과의 만남이 자연스럽게 된다. 선입견을 갖게 하는 일반적인 기준은 중요하지 않다. 말하고 행동하는 것과 사람에 대한 느낌이 우선된다. 즉 배경보다는 사람 자체를 보게 된다. 앞으로 언제 다시 볼 줄 모르기에 지금 이 순간의 만남 자체를 중요하게 생각한다.

 떠났다는 자유로움에서의 오는 넉넉함과 즐거움이 좋다. 내가 태어나고 자란 환경과 다른 나라에서 온 사람들과 이야기하는 것이 신기했다. 이야기하다 보면 내 앞에 있는 사람이 외국인이라는 사실을 잊게 된다. 저녁에 게스트하우스 라운지에서 일기와 편지를 쓰고 있는 나에게 호기심 가득한 눈으로 지나가면서 보기도 하고 몇 명은 내 곁으로 다가온다. 어디에서 왔냐고 묻는다. 'Korea'에서 왔다고 하면 "South? North?"라고 물었다. 한국에서는 전혀 생각하지 못했던 질문에 처음에는 당황스러웠다.
 "Of course, south~."
 대부분 한국 사람을 처음 만난다고 하면서 반가워한다. 몇 사람은 중국이나 일본의 일부분으로 생각하고 같은 글자를 사용하지 않느냐고 묻는다. 나는 절대로 그렇지 않고 엄연히 다른 독립 국가라고 힘주어 말한다. 그리고 과학적이고 독창적인 한글을 소개한다. 한글은 소리 나는 대로 다 적을 수 있는 과학적인 글자라고 자랑한다. 본인의 이름을 한글로 적어달라고 해서 적어 주면 좋은 기념품이 생겼다며 싱글벙글 좋아했다. 여행을 하다 보면 나라마다 말과 글이 다른 것을 실감한다.

분명 사람이 말하는데 무슨 말인지 전혀 알아들을 수 없을 때는 난감하다. 나의 이름도 상대방의 나라 글씨로 적어달라고 한다. 내 이름이 나라마다 다른 글로 적혀 있다. 개성이 있고 특이하다. 서로 마주 보고 재미있어서 웃는다.

신들과 생활하는 인도네시아 사람들

인생은 짧으며 자신에게 온전히 집중할 수 있는 시간은 더욱 짧다. 지나온 삶을 돌아보며 의미를 찾아 떠나는 여행이기 때문에 하루의 시간을 알차게 보낼 수 있다. 혼자 하는 여행은 자유롭고 처음 접하는 도시의 환경에서 다양한 일들을 겪는다. 앞으로 어떤 일들을 경험할지 알지 못하기 때문에 기대가 된다. 불편과 위험을 무릅쓰고 나를 찾는 사색을 겸한 여정을 즐기고 있다. 내 울타리를 떠나는 것은 떠나본 자만이 알 수 있는 그 무엇이 있기 때문이다.

검은 모래 해변에 팔베개하고 누워 망망대해가 파스텔 색조로 물들이는 황혼을 바라본다. 바다가 선명한 선홍색으로 붉게 타오르는 멋진 광경에 황홀해 한다. 지구는 넓고 세상에는 내가 모르고 보지 못한 것들이 너무 많음을 경험한다. 감탄을 하게 하는 멋진 풍광을 볼 때마다 이곳에 사는 사람들은 이 하나만으로도 복 받은 사람들이라는 생각이 들었다.

　같은 바다인데 한국의 바다와 색감이 다른 이유가 무엇일까? 적도 부근이라서 그렇다고 한다. 한국에서 바다를 보면 '아, 바다다. 지구가 진짜 둥글구나. 저 끝에 수평선이 보이네' 하는 정도였다. 물론 한국에서 처음 동해를 봤을 때 신기했다. 이렇게 아름다운 풍광을 혼자서 보고 있으려니 왠지 마음이 쓸쓸했다. 감성이 말랑해지는 것 같다. 지금 내 곁에 여인이 있다면 좋겠다는 생각이 들었다. 아마 사랑에 빠졌을지 모른다. 여행하면서 눈부시도록 아름다운 광경을 보면 가족 생각이 많이 난다. 언제 같이 올 수 있으면 좋겠다.

　영어 시간에 'beautiful'은 아름다운 풍경을 보았을 때 사용한다고 배웠다. 여행하면서 듣게 되는 영어는 실용적이다. 외국인들은 맛있는 음식을 먹을 때도, 멋진 사람들을 만났을 때도 "뷰티풀"이라고 말했다. 풍부한 표정과 리액션으로 말하는 것이 보기 좋다.

　지금 안개 속에 있는 것 같고 나에게 주어진 운명의 불합리 속에서 스스로는 어찌할 수 없다고 느끼며 절망한 적이 많았다. 어쩌면 인생은 예정된 큰 틀에서 살게 되는 것 같다. 순환 반복을 하다가 일생을 마감한다는 생각을 했다. 주어진 운명을 바꿀 수 없겠구나 하는 생각이 들면 슬프다. 결국에는 그것을 숙명으로 받아들이게 된다. 그러나 자율 의지를 선물로 주셨다고 하니 주어진 운명의 틀에서 내가 할 수 있는 일이 있지 않을까? 조금은 여유 있게 받아들이게 된 것도 여행을 하면서 얻게 된 수확이다. 그렇게 되기까지 많은 시간이 걸렸다. 여행하면서 마음이 넓어진 것 같다. 매일 다양한 경험들의 연속이 여행이 주는 선물이다. 책으로 접한 지식보다 직접 몸으로 체득한 경험이 절실하게 와 닿고 오랫동안 남는 것 같다. 강산이 두 번 넘게 바뀐 오늘까지도 세세한 부분까지 또렷하게 기억하고 있다.

쁘람바난 사원은 9세기에 건립된 힌두사원으로 가장 크다. 이곳 역시 세계문화유산으로 지정되었다. 창조의 신 '브라만'과 유지의 신 '비슈누'와 파괴의 신인 '시바'에게 바친 사원이다. 그 당시 종교의 힘이 얼마나 강력했는지 알 수 있다. 탑에 새겨진 조각들이 신화와 종교에 대한 여러 이야기들을 단편적으로 표현했다. 힌두교리를 알지 못하지만 조각된 것을 보니 대충 알 수 있을 것 같다. 인간은 종교를 왜 만들었을까? 인간에게 신은 어떤 의미일까? 인간의 삶은 종교와는 떼어놓을 수 없는 것일까? 강한 듯하면서 한없이 약한 것이 인간이다. 여기저기 수리 보수하는 공사가 한창 진행 중이었는데 지금도 하고 있다고 한다. 인간의 창의적인 예술은 신을 향한 마음이 더해질 때 더욱더 빛을 발하는 것 같다.

족자카르타의 바탁 염색법은 최고 품질로 화려하고 비싸다. 그림자 인형극용 가죽 인형 제작기술이 발전되었다. 게스트하우스에서 만난 미국인 스티븐과 시내 구경하는 중이었다. 인도네시아 청년이 우리에게 다가와 관광객에게는 잘 알려지지 않은 왕비가 목욕했던 곳을 구경시켜 주겠다고 말한다. 오케이 하고 따라가는데 점점 인적이 드물고 으슥한 곳으로 앞장서서 가고 있다. 머뭇거리는 우리에게 손짓으로 따라오라고만 한다. 조금 불안해지려는 순간, 스티븐이 갑자기 배가 아프다면서 중간에 빠져 버렸다.

'이런 의리 없는 녀석 같으니라구!'

순간적으로 필리핀 여행할 때 만난 카지노 딜러가 카드게임의 교묘한 기술을 보여주면서 자기와 동업하여 돈을 벌어보자고 제안을 했던 생각이 났다. 또 사파이어 보석을 보여주면서 나에게만 저렴하게 팔겠다는 사람도 기억났다. 이 녀석은 나에게 어떤 제안을 하려고 하는가 하는 생각이 들었다. 혼자라는 사실에 만일을 대비해서 주먹을 불끈 쥐고 끝까지 가보자는 마음으로 골목길을 따라갔다.

몇 십 분을 걸었을까? 옛날 왕비가 목욕했다던 낡은 노천 목욕탕을 보며 허탈했다. 특별한 것이 없는 평범한 곳이었다. 그는 삼촌이 운영한다는 바틱과 여러 기념품을 파는 가게로 나를 데리고 갔다.

좋은 풍경을 보게 되면 기념으로 남기고 싶어 카메라를 다른 사람에게 맡겨 찍어달라고 할 때가 있다. 사진 찍는 법을 배우지 않아도 상식적으로 사람의 얼굴을 자르는 것은 아니다. 혹은 진짜 뷰파인더를 볼 줄 몰라서 그럴 수도 있다. 요즘은 디지털카메라 때문에 즉석에서 확인하고 잘못 찍혔거나 마음에 들지 않으면 다시 찍어달라고 한다. 그 당시에는 인화하기 전까지 어떻게 나왔을까 하며 기다리는 설렘이 있었다.

마음에 들지 않고 이상한 사진으로 인화되었을 때는 안타깝다. 특별히 이 사람과의 좋은 추억이 있어서 꼭 간직하고 싶은 사진이 잘못 나오면 더욱 그렇다. 그래도 안 나온 것보다는 낫다고 스스로 위안한다. 필름이 있는 줄 모르고 뚜껑을 열어 빛에 노출되어 날려버리는 경우도 있었다. 여행할 때 필름 가격이 우리나라가 제일 저렴하다고 하여 코닥 30통, 후지 30통을 가지고 다녔다. 부피와 무게도 만만치 않았다. 태국 방콕 카오산로드에 있는 현상소의 인화비가 제일 저렴하므로 유럽에서 찍은 필름을 모아 두었다가 한꺼번에 인화했다. 필름 한 통을 인화하면 큰 사이즈를 서비스로 한 장 해주었다.

여행하면서 머리가 길어서 이발하기 위해 이발소에 들어갔다. 우리나라 시골 이발소와 분위기가 비슷하다. 위생적으로 그렇게 믿음이 가지는 않지만 현지 이발소에서 이발하는 것도 좋은 추억이 될 것 같다. 영어로 의사소통이 되지 않아서 그냥 웃기만 한다. 손가락으로 조금만 잘라달라고 손 모양을 보이며 간단한 영어 단어를 말했다. 이발사는 알겠다는 듯이 웃으면서 고개를 끄덕였다. 제대로 이해했는지 궁금했지만, 다시 물어보기도 그래서 가만히 있었다. 결국, 나의 머리카락을 조금만 남겨두었다. 이발사는 마음에 드는지 만족한 미소를 지으며 나를 바라보았다. 그러나나는 마음에 들지 않았다. 이왕 이렇게 된 것 화낼 수도 없다. 그리고 어차피 머리는 또 자랄 테니까.

영혼의 비밀을 찾는 순례자

인도네시아는 주걱과 비슷한 모양으로 에메랄드 목걸이를 적도에 걸어 놓은 듯하다. 세계에서 가장 섬이 많은 약 1만 7,508개의 섬으로 이루어졌다. 100개 넘는 다양한 민족들이 살고 있어서 제각기 다른 민족 고유의 문화와 전통을 인정하며 더불어 살아가고 있다. 또한, 세계에서 가장 많은 이슬람교도가 있는데 전 국민의 87%이며, 그 밖에 기독교 9%, 불교 1%, 힌두교 2%가 있다(신앙생활 하는 교회에서 2007년에 선교사를 자카르타에 파송했다).

대부분 이슬람 교도들인데 뉴스에서 보았던 중동 국가에 사는 사람들처럼 호전적이지 않고 이방인들에게 친절한 것은 환경의 영향이 큰 것 같다. 세계사 시간에 배운 인류 최초의 원시인 중의 하나인 자바인의 유적이 있다. 유적들은 1,500만 년 이전의 것으로 추정하고 있다.

영혼의 비밀을 찾고자 하는 순례자들은 보로부두르 유적지를 찾아간다고 한다. 나는 영혼에 대해서 관심이 많은 편이다. 그곳에 가면 뭔가 알수 있지 않을까 하는 기대감도 있었다. 중앙에 거대한 피라미드 모양으로우뚝 솟아 있는 불탑 구조물의 희랑을 시계방향으로 돌아 꼭대기까지 천천히 걸어 올라간다. 해탈을 추구하며 염원하는 인간의 영원한 여정을 상징한다고 한다. 해탈하면 어떻게 될까? 800년경에 건설된 보로부두르는 1,006년에 므라피 화산이 폭발하면서 화산재에 묻혀 있었다. 19세기 초엽영국인에게 발견되어 10년에 걸쳐 발굴, 복원하기 시작했다. 1983년에 거대한 모습을 드러냈다.

세계에서 가장 큰 불교 유적지가 이슬람교를 믿는 나라에 있다는 사실은 어떤 의미일까? 캄보디아의 불교 사원 앙코르와트에 버금가는 인류가남긴 최고의 유산이라고 한다. 주변에 큰 돌이 없는데 350만 톤의 돌들을이곳으로 옮긴 것이 지금까지 미스터리다.

지구에는 알 수 없는 일들이 많다. 어쩌면 우리가 알고 있는 것은 지극히 일부분이다. 아주 큰 물체도 아주 작은 물체도 우리는 볼 수가 없다.큰 소리도 작은 소리도 못 듣는 것도 같은 이치다. 여행을 다닐수록 알지못했던 신비로운 건축물들을 많이 본다. 넓은 평원에 우뚝 서 있는 거대한 사원을 건축한 옛사람들의 신심에 탄복한다. 나의 작은 믿음이 한없이부끄러워지는 시간이었다. 그들은 현대인들처럼 간단한 것을 복잡하게 생각하지 않았을 것 같다.

발리는 이슬람교를 믿는 사람이 가장 많은 인도네시아 군도 한가운데위치한 경상도 크기의 힌두교 섬이다. 어떻게 그렇게 되었는지 기원이 궁금했다. 종교적인 갈등은 없었을까?

인류의 역사는 전쟁으로 이루어진 것이 많았고 종교 때문에 시작된 것이 많았다. 이렇듯 평화를 추구하는 종교는 한편으로는 불합리하고 아이러니한 것이 많다.

신들의 섬이라고 불린다고 하더니 고지대에는 사원들이 많이 있다. 중국과 일본에서도 사원을 많이 보았지만, 이곳의 사원들은 종교적인 분위기가 더 느껴진다. 여러 사원들 가운데 특히 브라탄 호수에 있는 울루다누 사원이 가장 신비롭고 아름다웠다. 사원도 주위 경관과 잘 어울려야 보기 좋다. 그러고 보니 사원 대부분은 좋은 곳에 자리 잡고 있다.

발리 사람들은 말레이 계통, 리네시아 계통, 인도 계통, 중국 계통이 섞인 혼혈 인종이 많다. 혼혈인이 예쁘고, 피부가 좋고, 성격도 친화적인 것 같다. 여인들은 이른 아침 집이나 회사 근처에 있는 사원에서 아름답게 장식된 과일과 꽃과 향을 바치고 하루를 시작한다. 그들의 종교의식은 일상에서 중요한 부분으로 자리 잡고 있다. 우리나라 종갓집에서는 일 년에 제사를 많이 지내기 때문에 여성들이 고생을 한다. 그러나 이곳을 생각하면 위로가 될 것 같다. 이곳에 사는 여성들은 눈 떠 있는 하루의 삼 분의 일을 제례 준비를 하거나 관련된 일을 한다고 한다. 일상생활이 제사를 위한 끊임없는 순환 반복이다. 개인 시간은 별로 없을 것 같다. 힘들고 귀찮겠다는 측은한 생각이 들었다. 물론 나만의 생각이다. 다른 나라에서 여행 온 여성들은 이곳에 태어나지 않은 것을 감사하게 생각한다. 그러나 이곳에 사는 사람들의 행복 지수가 지구에 있는 많은 나라 가운데 상위에 있다. 이것은 이들이 생활에 만족하며 살고 있다는 것을 말해준다.

사람들의 얼굴이 선하다. 길에서 우연히 마주치기라도 하면 수줍어하면서 활짝 웃는 얼굴을 보여주어서 좋았다. 밝은 미소는 인종과 국경을 초월하여 보기 좋다. '웃으면 복이 온다'는 코미디 프로그램이 생각났다.

많은 사원에서는 지역마다 고유한 축제가 열려서 행사가 끊일 날이 없다. 하루에 다섯 번 드리는 제사, 일주일에 한 번 드리는 제사, 열흘, 일 년, 십 년, 백 년, 천 년에 드리는 제사를 기록한 세 종류의 달력들이 톱 니바퀴처럼 한 치의 오차도 없이 굴러간다고 한다. 감탄하게 하고 대단하 다는 생각이 들었다. 죽은 자를 위한 산 자의 지극 정성이 놀랍기만 하다. 인도네시아 사람들이 살아가는 이유가 제사를 드리기 위해서 사는 것이 아닌가 하는 생각이 들 정도다. 나라면 저렇게 할 수 있을까 하는 생각을 해 보았다.

진심으로 신을 믿고 섬기는 사람이 어쩌면 복 있는 사람일 수도 있다. 그들의 생활은 일반인들과는 다를 것 같다. 믿음은 누구나 가질 수 있는 것이 아닌 신의 특별한 선물이다.

싱가포르

다양함을 조화롭게 발전시킨 도시국가

인도네시아 자카르타에서 비행기를 타고 싱가포르에 첫발을 내딛는 순간 이곳도 무더운 동남아시아인가라는 생각이 들 정도로 시원하고 깨끗했다. 싱가포르는 섬으로 이루어진 작은 면적의 도시 국가다. 싱가포르 섬과 60여 개의 작은 섬들로 이루어져 있다. 1819년 이후 영국의 식민지가 되었으며 1959년 6월 새 헌법에 따라 자치령이 되었다. 1963년 말레이 연방 사바 사라와크와 함께 '말레이시아'를 결성하였으나 1965년 8월에 분리 독립하였다. 아시아의 경제 강국으로 주목받고 있다.

싱가포르를 한마디로 정의하기란 어렵다. 국민의 약 74.2%가 중국계이며 13.3%는 말레이계, 9.2%의 인도계로 여러 민족이 더불어 살고 있다. 각기 다른 얼굴에서 영어, 중국어, 말레이어가 쏟아져서 혼란스럽기도 하다. 같은 사람이 상대방에 따라 다른 언어로 말하는 것이 신기했다. 여행을 하면서 여러 나라 말을 자유롭게 하는 사람이 부러웠다. 차이나타운에서 히잡을 둘러쓴 여인들을 만나니 이색적이다. 이곳의 차이나타운은 다른 나라의 차이나타운과는 다르다. 인구의 삼 분의 이 이상이 중국계이므로 싱가포르에선 이곳을 '작은 중국'이라 부를 순 없다. 차이나타운은 싱가포르 국민의 일상의 모습이다.

리틀 인디아에서는 인도를 간접으로 경험할 수 있다. 현란하면서 흥거운 인도 고유의 음악을 들으면서 로컬 음식점과 전통 공예품 가게를 둘러보는 재미도 쏠쏠하다. 인도 사람들은 눈이 정말 크다. 미세먼지가 아시아 사람보다 3배는 더 잘 들어갈 것 같다는 쓸데없는 걱정이 들었다. 인도 식당에서 인도 음식을 먹는데 옆자리에서 중국 사람이 손으로 먹는 것이 신기했다. 아랍 지구에서는 싱가포르에서 가장 오래된 이슬람 사원인 술탄 모스크를 처음 보았다. 남성 위주의 종교인 것 같다. 코란의 글씨가 그림처럼 멋스럽고 이색적이다. 아랍 음식과 여러 종류의 향신료, 카펫 등이 진열된 아랍 거리를 걷다보니 중동에 온 듯하다. 중동의 신비로움을 간접 체험한다. 거리 하나를 두고 네 나라를 동시에 여행하는 것 같다.

시내를 다니면 쓰레기는 물론 걸인조차 보이지 않을 정도로 깨끗하다. 영어가 소통되고 사람들은 친절했다. 발전하는 신흥 도시국가답게 여행하기 편리한 인프라도 잘 갖춰졌다. 배낭 여행하기 좋은 환경이었다. 햇살이 짱짱한 오후에는 스콜이 한 차례 시원하게 쏟아져서 뜨거운 도시의 열기를 시원하게 했다. 비가 그치면 바로 햇살이 비추기 때문에 무지개도 자주 볼 수 있다. 이 또한 마음에 들었다.

싱가포르의 큰 매력은 도무지 하나로 표현하기 힘든 모호함에서 온다. 아시아에 이런 나라가 있다는 것이 신기하다. 왜냐하면, 아시아 사람들은 자기문화에 대해서 보수적이고 다른 사람에게 배타적이기 때문이다. 이곳은 더불어 사는 사회의 좋은 점을 보여준다. 우리나라는 같은 민족이고 같은 언어를 사용하는데도 정치인들이 지역감정을 조장한다. 안타까운 현실이다.

한인 교회에서 주일예배를 드리고 청년에게 시내 구경을 하고 싶으니 안내를 부탁했다. 먼저 보타닉 가든에 갔다. 여러 종류의 신비로운 꽃과 나무들이 많았다. 우리나라 식물원에 비해 규모가 훨씬 넓었고 자라고 있는 식물들도 다양하다. 주롱 파크에서 역시 처음 보는 많은 새를 보고 조련된 새들의 익살스러운 쇼를 유쾌하게 구경했다. 도시 중심에 있는 세인트 앤드류 영국 성공회 성당은 하얀 건물이 인상적으로 이색적이다. 주변에 성공회 교인들이 많은 것 같다. 마지막으로 간 곳은 센토사 섬이다. 인공으로 만든 섬인데 넓은 테마파크가 조성되어 다양한 즐길 거리가 많았다. 모래를 가져다가 넓은 백사장을 만들고 해변의 분위기를 즐겼다. 저녁에 음악 분수를 처음 보았는데 신기했다. 음악과 빛의 하모니에 율동을 하듯이 물결들이 덩실덩실 춤을 추는 것 같다.

어떻게 저런 생각을 했을까? 누군가가 생각하고 만들었다는 것이 신기했다. 모든 것은 생각에서 나온 것이니 어쩌면 당연하다. 싱가포르의 상징이며 명물인 머라이언이 있는 공원에서 야간 산책을 즐겼다.

시간이 흐를수록 좁은 공간 안에 정형화되고 박제화된 느낌이 들면서 싫증 나기 시작했다. 이것은 획일화된 좁은 도시에서 느끼게 되는 단조로움이다. 거리 곳곳에 많은 금액이 적혀있는 벌금 경고문이 학창시절의 엄격한 규율이 생각나서 답답한 마음이 들었다. 강요된 사회는 한국에서 충분히 경험하며 살아왔다. 굳이 여행 와서도 그런 모습들을 보는 것은 유쾌한 일이 아니다. 정치인들이 많은 사람들을 쉽게 규제하기 위해 사용하는 방법이다. 그러나 사람들의 의식 수준이 높아지고 민주주의를 요구하는 사회에서는 계속되는 규제는 반발을 일으킨다.

도심을 벗어나니 여기저기 쓰레기와 담배꽁초들이 보이기 시작했다. 인간의 본능의 욕구는 억압하면 일시적인 효과는 있을지 몰라도 지속하기는 어렵다. 이곳 사람들도 탈출구가 필요한 것 같다. 싱가포르 여행은 일주일이면 충분했다. 떠날 때가 되었다.

말레이시아

버스 타고 국경 넘기

국경을 처음 육로로 통과한다. 싱가포르에서 버스를 타고 다리를 건너 말레이시아에 도착했다. 조금 긴장되고 설렌다. 우리나라도 하루빨리 통일이 되어 휴전선을 넘어 북한을 여행하고 압록강을 건너 러시아와 중국에서 유럽까지 여행하면 좋겠다. 입국 심사장은 분위기가 무거웠다. 긴장하게 하는 이유가 뭘까?

말레이시아는 말레이반도 남부와 보르네오 섬 북부에 걸쳐 있으며 해안선의 길이가 4,675㎞다. 국민의 58%가 말레인이고 중국인 25%, 인도 파키스탄인 7% 등으로 이루어져 있다. 각 민족은 고유의 전통적인 문화, 종교, 언어, 사회관습 등을 지키며 살고 있었다. 공용어는 말레이어이며 영어, 중국어, 타밀어도 사용한다. 도시에 사는 사람들 가운데 영어를 유창하게 하는 사람들이 많아서 놀랐다. 정치체제는 양원제를 운용하는 입헌군주제로 국가 원수는 국왕이고 정부 수반은 총리이다. 국교는 이슬람교로 60%를 차지하나 종교의 자유가 보장되어 불교 19%, 기독교 9%, 힌두교 6.3%다.

쿠알라룸푸르는 '흙탕물의 합류'라는 뜻으로 1963년에 말레이시아의 수도가 되었다. 19세기 이전만 해도 동남아시아에 있는 많은 정글 중의 한 곳이었다. 주석 광맥이 발견되어 무역과 주석을 캐려는 사람들이 삼삼오오 모여들기 시작했다.

아버지께서 와이즈멘 활동을 열심히 하신 덕분으로 초등학생 때부터 대구 YMCA 회원이 되었다. 해외 여행하면서 처음 쿠알라룸푸르 YMCA를 보니 반가웠다. 아버지께서 YMCA 안에 숙박시설이 있다고 하셔서 회원증을 제시하고 숙박했다. 다운타운에 있어서 시내 구경 다니기에 편리하고 가격 대비 시설에 만족했다. 말레이시아 사람들은 싱가포르와 끊임없이 비교를 했다. 우리나라가 일본을 생각하는 것처럼 심리적 경쟁과 질투심이 느껴졌다. 또한, 잘 사는 선진국을 만들기 위해 노력하는 모습이 인상적이었다.

힌두교 순례자들의 성지라고 불리는 바투 동굴은 우리나라 동굴과는 달랐다. 대다수 국민들이 이슬람교를 믿는 이곳에 인도를 제외하고 세계에서 제일 큰 힌두 사원이 있었다. 특이한 것은 거대한 동굴 안에 있었다는 것이다. 동굴 안은 상상 그 이상으로 넓었고, 272개의 가파른 계단을 땀 흘리며 올라가야 했다. 천장에는 헤아릴 수 없을 만큼 많은 박쥐들이 거꾸로 대롱대롱 매달려 잠을 자고 있었다.
'다리에 힘이 빠져 떨어지면 아플 텐데…'
박쥐에게서 나오는 냄새는 말로 형용할 수 없을 정도로 고약했다. 사원에 있는 원숭이들은 수양을 하지 않았는지 순하지 않았다. 본성은 바뀌지 않는 것 같다. 성격이 난폭하고 짓궂어서 여행자들의 모자를 비롯한 손에 들고 있는 소지품을 순식간에 빼앗아 나무로 올라갔다. 뭔가 주어야 돌려주었다. 본능인가 학습인가? 사람들이 슬슬 피해 다녔다.

쿠알라룸푸르에서 버스를 3시간 타고 동양과 서양의 조화로움으로 유명한 예쁜 도시 말라카에 왔다. 도시 색깔이 원색으로 단순하면서 화려하다. 식민지시대에 지어진 유럽풍의 건축물이 지금까지 많이 남아 있어 신기했다. 우리나라도 일본 식민지가 아니고 유럽의 식민지였다면 이런 거리였겠지. 말라카는 바다와 강이 가까워 예전에는 아시아 제일의 무역항이었다고 한다.

게스트하우스 2층은 넓은 방에 20여 명이 혼숙하는 곳이었다. 1인용 침대 위에 남녀가 껴안고 세상 모르게 자고 있는 광경을 처음 보았기에 신기하면서 민망했다.

'자고로 남녀가 유별하거늘…'

안 보려고 하는데도 자연스럽게 눈이 자꾸 가서 보게 된다. 그러고 보니 한두 커플이 아니다. 외국 여행자들은 남녀관계에서도 자유로웠다.

중·고등학교를 남학생만 있는 곳에서 다녔다. 교회 학생부 활동과 동아리 활동을 여학생들과 함께했기 때문에 그렇지 못한 친구들보다는 여자에 대한 호기심은 많이 없었다. 그러나 함께 자는 모습을 처음 보았기 때문에 놀라웠고 한편으로는 저들의 자연스러움이 조금 부러웠다.

장소가 바뀌어도 어디서든지 잘 자고 누우면 바로 잠드는 편이다. 그날도 하루 종일 돌아다녔기에 피곤하여 세상모르게 자다가 가려워서 일어났다. 팔과 다리를 보고 깜짝 놀랐다. 온몸에 무슨 벌레에게 물렸는지 참

혹했다. 모기한테 물린 자국은 아니었다. 행군하는 것처럼 한 줄로 주르륵 물린 자국은 붉게 부어올랐다. 모기에게 물린 것보다 5배는 더 가려웠다. 긁으면 피가 나서 마음대로 긁지도 못하는 것은 괴로운 일이다. 무슨 벌레인지 몰랐는데 여행자들이 내 몸상태를 보더니 배드버그에 물려서 그렇다고 했다.

"배드버그!"

"으악~!"

매니저에게 나의 몸을 보여주니 가끔 있는 일이라며 미안해했다. 이게 미안해서 될 일인가? 나무 침대와 이불을 제대로 소독하지 않으면 벌레들이 생긴다고 했다. 나는 약값을 달라고 해서 조금 받았다. 며칠 동안 가려워서 엄청나게 고생했다. 몇 주 후에 방콕 카오산 로드에서 그 당시 내 옆 침대에서 잤던 여행자를 우연히 만났다. 반가워 안부를 물었다. 그녀도 그 게스트하우스에서 배드버그에 물려 고생을 많이 했다고 한다. 서로 웃었다. 이것도 인연이다. 요즘처럼 인터넷이 있으면 그 게스트하우스에는 절대로 가지 말라고 했을 것이다. 얼마나 많은 여행자들이 고생했을까?

동양의 진주 페낭 & 안다만 해의 보석

'바다가 이렇게 아름다울 수가 있구나!'

내가 태어나고 자란 대구는 사방으로 산으로 둘러있는 분지다. 가끔 동해안으로 여행 가면 탁 트인 바다가 좋았다. 그러나 제대로 된 석양을 본 기억이 없다. 한낮 동안 뜨겁게 내리쬐던 붉은 태양이 바다 아래로 사라지며 물결 위가 곱고 부드러운 파스텔색으로 서서히 물들어 간다. 자연이 만들어낸 오묘한 채색의 향연에 감동한다. 사람이 만들어낸 인위적인 작품이 아니다. 같은 바다임에도 매일 저녁의 모습은 달랐다. 이 느낌 그대로 그림을 그리고 싶다는 생각이 들었다.

보고 느끼는 저 풍광을 어떤 색으로 담아낼 수 있을까? 같은 색의 물감이나 크레용은 없을 것 같다. 오히려 눈에 가득 담는 것으로 만족했다. 세월이 지나면 이날의 감동과 느낌은 조금씩 옅어질 것이다. 아쉽지만 할 수 없다. 캄캄해져 바다가 보이지 않을 때까지 벤치에 앉아 있었다. 이 순간 누구와 이야기하고 싶다. 함께 시간이 흐르는 것을 지켜보고 싶다.

싱가포르에서 휴가 온 아가씨 3명을 만나 여행했다. 휴가 시즌이어서 사람들이 붐볐다. 해변에 있는 방갈로 하나만 남았다. 다른 곳에는 방이 없다고 한다. 아가씨들에게 같이 숙박하면 어떻겠냐고 제안을 했다. 흔쾌히 "오케이"라고 한다. 침대 하나는 내가 사용하고 하나는 아가씨 세 명이 사용했다. 깊은 잠에 들었는데 '쿵' 하는 소리와 "악!" 하는 외마디 비명이 들렸다. 아가씨 중 한 명이 침대에서 떨어지는 소리가 분명했다. 미안한 마음에 자는 척했다. 아침에 이야기하면서 한바탕 유쾌하게 웃었다.

페낭은 한때 동서 바닷길 교역의 중심으로 동양의 진주라 불렸다. 중심가인 조지타운에는 식민지 시대에 건설된 건물들과 중국식 건물들이 잘 보존되어 지금은 훌륭한 관광자원이 되었다. 2008년 유네스코는 도시 전체를 세계 문화유산으로 정했다. 쉽게 즉흥적으로 바꾸기를 잘하는 우리나라를 떠올리며 부러운 생각이 들었다. 페낭은 론리 플래닛에서 2016년에 최고의 여행지로 선정했다.

랑카위는 이름이 사랑스럽고 예쁘다. '비밀스러운 중독'이라는 뜻으로 99개의 섬으로 이뤄진 군도다. 썰물 때 모습을 드러내는 섬까지 합하면

104개 섬으로 이루어졌다. 말레이시아 서북쪽 끝단에 있고 태국과 국경이 맞닿아 있다. '안다만 해의 진주'로 불린다. 동남아시아의 여러 휴양지와는 달리 독특한 매력을 가지고 있다.

바다는 사람의 몸과 마음을 무장 해제하고 동심으로 돌아가게 한다. 물속에 있으면 엄마 배 속에 있는 것처럼 편안함을 느끼기 때문일까? 히잡을 쓴 여인들이 바다에 몸을 담그고 깔깔거리며 물장난을 치고 즐거워한다. 종교적인 이유로 입고 있는 거추장스러운 옷을 벗고 제대로 물놀이를 즐기면 좋을 텐데 하는 마음이 들었다. 이곳은 천혜의 자연 휴양지이며 유네스코에 등재된 생태공원이기도 하다. 말레이시아는 말레이인, 중국인, 인도인이 공존하는 'TrulyAsia(진정한 아시아)'라 한다.

이번에는 기차 타고 국경을 넘어 새로운 나라 태국으로 갔다. 지난번보다 훨씬 여유 있는 나를 본다.

태국

배낭 여행자와 왕궁

말레이시아 게스트하우스에서 만난 여행자들에게 태국으로 간다고 말하며 작별 인사를 했다. 태국을 다녀온 사람들은 태국 사람은 체격은 작지만, 자존심이 강하고 킥복싱을 잘한다고 조심하라고 말했다. 나도 태권도 유단자니까 걱정하지 말라고 말은 했지만, 마음속으로는 조금 걱정이 되었다.

말레이시아에서 태국 국경을 넘는 기차를 탔다. 객실 안에 있는 승객들은 내가 신기한 듯 힐끔힐끔 쳐다보았다. 더운데 창문이 열리지 않아 어떻게 조작을 해서 창문을 열었다. 순간 주위에 있던 모두가 손뼉 치고 환호성을 질렀다. 생각지 않은 박수를 받고 보니 긴장했던 마음이 풀어지고 기분이 좋아졌다. 태국사람들이 무섭지 않았다.

태국은 1946년에 국왕이 즉위하여 국민의 절대적인 존경과 신임을 받

는 나라다. 현존하는 왕들 가운데 가장 오랜 기간 재위하고 있다고 한다. 태국인들은 국왕에 관해 이야기할 때는 존경하고 있다는 느낌이 들었다. 좀처럼 보기 드문일이다. 우리나라 옛말에는 나라님도 안 보는 데서는 욕을 한다고 했다. 오래전에 율 브리너와 데버러 커가 주인공으로 나온 영화 '왕과 나'(1956)가 생각났다. 시암(태국) 왕국이 시대적 배경이었다.

우리에게는 타일랜드로 더 알려졌다. '천사의 도시'라는 뜻의 방콕에 드디어 도착했다. 기차역에서 툭툭이를 타고 카오산 로드로 가는데 운전사가 잘 달리다가 사원이 나오니 합장을 하고 절을 한다. 처음 보는 특이한 상황에 놀라면서 신심에 감탄했다. 태국 사람들은 오기 전의 걱정과는 달리 친절하고 순박했다. 역시 사람은 직접 겪어봐야 안다.

배낭여행자의 천국이라 불리는 카오산 로드에 있는 게스트하우스를 베이스캠프로 정했다. 여행자 거리가 그러하듯 이곳에 오면 웬지 마음이 편해진다. 작은방에는 침대와 선반이 하나 있고 공동으로 썼고 화장실을 사용했다. 숙박요금을 저렴하게 지불했으니 이런 시설을 당연하게 받아들였다. 불편하다는 생각이 들진 않았다. 거리에는 먹거리의 종류가 다양하고 가격도 저렴하고 맛도 좋아 만족스럽다. 이곳에서는 내가 하고 싶은대로 편하게 할 수 있었다.

방콕에 머무는 동안 격렬한 데모를 두 번 경험했다. 폭력을 동반한 데모와 군인들의 무력진압을 보면서 1980년 대학생 때 독재타도와 민주화를 위해 데모했던 일이 생각났다. 태국은 군부가 쿠데타를 일으킨 후에는 반드시 국왕을 찾아가서 정당성을 인정받아야 한다고 한다. 그 정도로 국왕에 대한 신임이 절대적이다. 아시아에서 유일하게 세계 열강들에게 지배를 받지 않았다고 한다. 정치력과 외교력이 매우 뛰어나다고 생각한다. 한국전쟁을 겪었기에 전쟁의 참상을 알고 있다. 국민들이 원하는 것은 전쟁 없이 평화로운 세상에서 가족과 함께 행복하게 사는 것이다.

독특한 탑이 종이 지붕 위에 있고 곳곳에 황금 칠한 왕궁을 둘러보았다. 역시 넓고 화려했다. 조경시설도 잘 정돈되어 깔끔했다. 영화에서 보던 모습 그대로였다.

'왕은 이런 곳에서 살았구나.'

'왕으로 태어난 그들의 삶은 어떠했을까?'

'만족했을까?'

'행복했을까?'

'자유로웠을까?'

역사의 흔적을 돌아보며

'권불십년 화무십일홍.'

세상의 기본이 되는 원리는 사람을 비롯하여 어떤 것도 영원하지 않고 유한하다는 것이다.

고대 유적지를 걷고 있으면 타임머신을 타고 과거의 세상으로 날아온 듯하다. 세월의 흐름 속에 퇴색된 유적들 사이에서 혼자만의 상상의 나래를 펼친다. 아유타야는 우리나라 경주와 비슷한 문화유적이 많은 태국 제1의 역사 도시다. 방콕에서 북쪽으로 약 70km 떨어져 있고 메남 강 중류에 있으며 불교 사원 유적이 많은 도시. 역사는 오래될수록 깊은 맛이 나는 것 같다.

1350년에 건립된 아유타야는 수코타이에 이어 시암 왕국의 두 번째 수도가 되었다. 당시 세계에서 가장 큰 도시 중 한 곳이었다는 설명에 속으로 놀랐다. 강대한 제국의 정치, 문화의 중심지로 400년 동안 번영하였다. '동양의 베네치아'로 불렸다는데 유럽과는 달리 수로와 배들은 보이지 않았다.

1767년 버마(지금의 미얀마)인들에 의해 피해를 입었다. 인류의 역사는 어쩌면 끊임없는 전쟁으로 이루어진 것이 아닐까 하는 생각이 든다. 왕들은 권력을 잡으면 이웃 나라를 침범하여 영토를 확장한다. 불상의 머리를 무슨 이유로 다 파괴했을까? 가져가기는 그렇고 해서 중요한 머리를 부숴버린 것은 아닌지 혼자 생각해 본다.

요즘도 일부 극렬 테러단체들이 수백 년에서 수천 년을 지키고 보존해 온 세계문화유적들을 한순간에 파괴하는 것이 안타깝다. 그들은 무슨 생각으로 그런 나쁜 짓을 서슴지 않는 것일까? 테러도 합당한 명분이 있어야 사람들에게 공감을 얻고 인정을 받는다.

방콕으로 수도가 옮겨지고 이곳은 유적 일부만 남아 쓸쓸한 마음이 들었다. 왕궁과 탑과 수도원들로 이루어진 유적들에서 과거의 화려했던 모습을 조금은 엿볼 수 있었다. 산과 나무와 흙을 비롯한 자연은 변함없이 그대로다. 사람이 만든 것은 일부분만 남아있거나 없어졌다. 유적과 유물을 보면서 인간의 권력과 욕심이 허망하다는 생각이 들었다. 내 마음은 차분해지고 여러 생각을 하게 한다. 저무는 태양으로 은은하게 물드는 하늘이 오늘따라 쓸쓸하게 느껴졌다. 이곳은 화려했었던 그 당시에는 많은 사람으로 붐볐을 텐데 지금은 몇 명의 여행자만이 있다. 지금 대도시들도 몇백 년의 세월이 지나면 이렇게 되겠지. 중요한 것이 무엇인지 생각하게 한다.

누워있는 부처상을 처음 보았다. 편안해 보인다. 사이얏 와상은 머리부터 발끝까지 42m로 길었다. 태국에 있는 부처는 우리나라 절에 있는 부처와 다르다.

나는 오래된 것을 좋아한다. 유물과 유적지에 관심이 있어 천천히 걸으면서 구경하는 것을 좋아한다. 대학교에 입학해서 제일 먼저 찾아간 곳이 대학 박물관이었다. 강의가 빈 시간에 가끔 찾아가곤 했다. 유물들을 보면서 그 당시 상황을 상상하는 것이 재미있었다. 세월의 흐름 속에 나의 존재를 자각하는 시간이 좋다. 적당하게 배가 고픈 오후 늦은 이 시간이 좋다.

전쟁의 참상을 느끼다

"빠밤 빠·빠·빰 빰·빰·빰~ 빠밤 빠·빠·빰 빰·빰·빰~"

영화 '콰이강의 다리'(1957)를 보고 흥이 나는 행진곡풍의 경쾌한 주제곡을 휘파람으로 따라 불렀다. 전투 신이 거의 등장하지 않는 독특한 전쟁영화였다. 하긴 사람을 쉽게 죽이고 하는 전쟁 영화를 보는 것은 마음이 편치 않다. 전쟁 영화를 보면 사상과 이념이 다르다는 이유로 병사들의 고귀한 목숨이 쉽게 죽어 나간다. 이 영화는 그런 장면이 없어서 좋았다. 주인공들은 일본군의 포로로 포로수용소에서 노역을 한다. 그러나 피동적이 아니라 자신들의 자긍심을 위해 완벽한 다리를 만들려는 영국 장교 니컬슨 대령의 모습은 무의미한 전쟁에서 가치를 추구하는 인간의 다른 모습을 보았다.

내가 포로였다면 어떻게 했을까? 순응하며 무기력하게 해방되기만을 기다렸을까? 호시탐탐 탈출 기회를 만들려고 노력하고 시도했을까? 전쟁 영화를 보면 전쟁의 잔혹함과 무의미함을 깨닫게 된다. 과연 누구를 위하여 전쟁을 일으키는가? 무고한 생명이 희생되고 포로가 된 운명이 슬펐다. 땅을 빼앗았다고 영원히 자기 것이 되는 것은 아니다. 또 다른 세력이 생성되어 전쟁을 하고 빼앗기는 반복이 있을 뿐이다.

최근 들어 우리나라는 드물게 평화로운 시대를 살고 있다고 한다. 이 평화가 오래도록 지속하기를 노력해야 한다.

'칸차나부리'는 방콕에서 서쪽으로 130㎞ 떨어진 곳에 있다. '콰이강의 다리' 영화의 배경이 된 곳이 있다고 해서 반가운 마음에 기대하며 찾아 갔다. 이곳에서 일본군은 제2차 세계대전이 한창 중이던 1941년부터 1943년까지 415㎞ 길이의 '죽음의 철도'를 건설했다. 일본은 정글로 뒤덮인 산

악 지대에 철도를 놓기 위해서 20만 명의 아시아인들과 6만9천 명의 연합
군 전쟁 포로들에게 1943년 10월 철도가 완공되었을 때까지 강제 노역을
시켰다. 그중 강제 징집된 10만 명의 아시아인과 1만6천 명의 전쟁 포로
가 작업 중 숨진 것으로 추정된다고 한다. 전쟁은 인간의 욕심으로 만든
흉악한 범죄이며 죄악이다. 생각할수록 화가 나고 어처구니없다.

　전쟁으로 희생된 군인들의 공동묘지가 있다. 전쟁이 없었다면 가족들
과 행복하게 살았을 사람들이 여기에 묻혀있다. 묘석들이 여러 줄로 늘어
서 있는 곳에는 적막함과 쓸쓸함이 느껴졌다. 1,740개의 무명 용사들의
묘가 있다. 일제 강점기를 겪은 대한민국 국민이기에 울분이 느껴졌다. 이
곳에 우리나라 사람의 묘도 있을 것이다. 인생의 꽃을 제대로 피우지 못
하고 억울하게 죽은 영혼들에게 명복을 빌며 묵념했다. 본인의 의지와는
상관없이 전쟁으로 수명을 다하지 못하고 죽어서 얼마나 억울할까? 어떠
한 이유에서든지 전쟁은 일어나지 말아야 한다. 모든 사람이 피해자이기

때문이다.

지구 상에서 유일한 분단국가인 우리나라를 위해서 기도한다.

자연은 사람들을 순박하게 한다

차오프라야 강에서 걸어서 20분 거리에 카오산 로드가 있다. 이곳에는 배낭 여행자에게 필요한 많은 것들이 모여 있어 세계 각국에서 온 많은 여행자들이 자유로움과 편리함 때문에 항상 붐비는 곳이다. 한국인이 운영하는 게스트하우스와 식당은 없었다.

이곳을 베이스캠프로 정한 후 낮에는 여행하고 저녁에는 식당과 카페에서 여행자들과 즐겁게 어울렸다. 하루하루 더위에 지쳐갈 무렵 누군가가 조금 떨어진 YMCA를 이야기해 주어 숙소를 옮겨 며칠 머물렀다. 방에는 에어컨이 가동되었고 깨끗해서 여기가 천국인 것 같았다. 알고 지내던 여행자 몇 명에게 소개했다. 그들 역시 모르고 있다가 이곳으로 옮겼으며 이렇게 좋은 곳이 있었냐며 너무 시원하고 좋다며 고마워했다. 역시 알짜 정보는 몸과 마음을 편하게 한다.

방콕은 머물 만큼 머물렀으니 선선한 바람이 분다는 북쪽 지방으로 떠날 때가 되었다. 저녁 식사 후 카오산 로드에서 야간 버스를 타고 북쪽으로 달려 700km 떨어진 치앙마이에 도착했다. 차오프라야 강 상류에 있으며 해발고도 335m 산으로 둘러싸여 있다. 이곳의 날씨는 선선한 바람이 불어 한국의 가을 날씨 같았다. 산으로 둘러싸여 있었고 소나무를 많이 볼 수 있는 필리핀의 사가다, 바나우에, 바기오와 비슷했다.

치앙마이는 1296년 란나타이 왕국의 멩라이 왕이 건설한 도시다. 1345

년 치앙라이에 이어 란나타이의 2번째 수도가 되었으며 16세기까지 번창하였다. '밤의 장미'라는 야한 애칭이 있는 태국 제2의 도시다. 오사카 성둘레에 있는 해자가 있고 사각형의 성곽 안, 구시가지에는 크고 작은 사원과 별궁이 있다.

현실에서 '라뚜'라는 성문을 지나가면 과거의 세계가 펼쳐진다. 고즈넉한 유적지를 걸으니 몇백 년 전에 있는 것 같다. 며칠을 머물렀더니 현지인들과 여행자들은 한국에서 왔으며 혼자 다니는 청년에게 관심이 많았다. 길을 걸으면 나를 보고 반갑게 "하이! 원용" 하며 말을 건넨다.

게스트하우스 안에 있는 내 방이 여행자들의 사랑방이 되기도 한다. 저녁에는 입맛에 맞는 식사를 즐겁게 먹으며 민속 공연을 보며 즐겼다. 저렴한 물가와 덥지 않은 날씨 때문에 여행자들이 이곳에 오면 오랫동안 머물렀다.

치앙마이에서 버스 타고 3시간 달려 태국 최북단에 있는 치앙라이에 왔다. 이곳은 버마(미얀마)와 라오스가 메콩 강을 사이에 두고 국경이 서로 맞닿아있다. 이름하여 '골드 트라이앵글'로 알려진 곳이다. 마약을 많이 재배하고 거래하는 곳이다. 마약은 직접 보지 못해서 어떻게 생겼는지 궁금하긴 했다. 산속에서 자칫 무장괴한에게 납치당하지 않을까 하는 생각이 들었다. 그러면 나는 어떻게 대처할 것인가 생각하며 마음의 준비를 했다. '나의 뛰어난 사격 솜씨를 보여주면 놀라겠지?' 등의 상상을 했으나 결론은 총 든 사람 한 명도 만나지 못했다.

오염되지 않은 자연 속에서 사는 사람들은 순박했다. 사람과 동물은 살아가는 환경과 무엇을 먹는가에 따라 성격의 영향을 많이 받는다. 원시림에 사는 고산족이라 부르는 소수 민족이 사는 곳으로 간다.

낮엔 해처럼, 밤엔 달처럼 그렇게 살 순 없을까?

자연과 더불어 사는 현지인과의 생활은 색다른 경험의 추억이 되어 남아있다. 세상 모든 것은 자연 그대로의 모습이 보기 좋다. 풀 한 포기, 나무 한 그루 모두 자기만의 생명을 가지고 있다. 살아있는 것 자체만으로도 경이롭고 값어치가 있다.

고산족 원주민 마을에서 3일 동안 머물렀다. 자급자족하는 그들의 생활 속으로 들어가 살았다. 단출한 살림 도구들과 사는 모습을 처음 본 순간 마음이 짠했다. 그러나 달리 생각하면 나만의 착각일 수도 있다. 짧은 경험이지만 그들은 소박한 생활에서 행복해하는 것 같다.

편리한 물건이 많은 사회에서 생활해온 내가 머물기에는 조금 불편한 점이 있었다. 제일 성가신 것은 시도 때도 없이 달려드는 모기와 파리였다. 식사할 때면 눈과 입과 음식에 벌떼처럼 달려들었다. 한쪽 팔로 쫓아보내고 한 손으로 먹어야 했다. 이럴 때 한국에 있는 모기장이 그리웠다.

그러나 이곳 사람들은 그렇게 불편해하지 않아 보였다. 살아가는 것을 힘들어하지 않는 평범한 일상이었다. 해가 뜨면 일어나고, 자연에서 얻은 것으로 먹고, 노동하고, 해가 지면 잤다. 어쩌면 바쁘게 살아가는 현대인에게는 부러운 생활이다. 단순한 생활이 정신 건강에도 좋고 육체노동이 단잠을 자게 한다.

루소는 "자연으로 돌아가라. 인간은 자유롭게 태어났지만, 사회 속에서 쇠사슬에 묶여 있다. 자연 상태가 인간이 자유롭고 행복하게 살아가는 가장 아름다운 상태다. 인간은 자연 상태에서 벗어나 사회 제도나 문화에 들어가면서 부자연스럽고 불행한 삶을 살게 된다"고 말했다.

아침 일찍 몇 가구가 없는 작은 마을에 승려들이 탁발하러 왔다. 탁발이란 '바리때(공양 그릇)를 받쳐 든다'는 뜻이다. 이것은 단순한 구걸이 아니라 무소유계를 실천하는 수행 방식이다. 수도하는 자들은 세속의 경제에 매이지 않고 깨달음을 얻는 일에 집중할 수 있다. 탁발을 통해 아집과 아만을 없애고 무욕과 무소유를 실천하고자 한다. 또한, 보시를 주는 이의 공덕을 쌓게 해 주는 역할도 한다. 인도의 수행자에게 많이 들었던 말이다.

옛 선비의 청빈 낙도의 삶과 법정 스님의 무소유가 떠올랐다. 수도자처럼 살기는 어려운 것일까? 한때 수도사의 삶을 살고 싶다는 생각을 했다.

칠흑같이 캄캄한 밤이다. 하늘에는 별이 쏟아질 듯 반짝인다. 대학생 때 주일예배 헌금 시간 순서에 독창으로 불렀던 복음성가를 나지막이 불러보았다.

"낮엔 해처럼, 밤엔 달처럼 그렇게 살 순 없을까.
욕심도 없이 어두운 세상 비추어 온전히 남을 위해 살듯이
나의 일생에 꿈이 있다면 이 땅에 빛과 소금 되어
가난한 영혼, 지친 영혼을 주님께 인도하고픈 데
나의 욕심이, 나의 못난 자아가 언제나 커다란 짐 되어
나를 짓눌러 맘을 곤고케 하니
예수여 나를 도와주소서."

마음이 통하는 사람과의 대화는 즐겁다

나는 집에 오면 말을 딱 세 마디만 한다는 경상도 남자다. 평상시에 말을 많이 하지 않는다. 여행하면서 현지인들과 여러 나라에서 온 여행자들을 많이 만났다. 그들과 이야기를 하는 것이 즐겁고 좋았다. 왜냐하면, 내가 만난 사람들의 표정은 밝았고 표현하는 것에 솔직했으며 칭찬에 인색하지 않았다. 내가 하는 말을 잘 들어주었고 공감하고 재미있어했다. 피부와 생김새가 다른 사람들과 이야기하는 것이 신기하고 좋았다. 시간이 지날수록 한국사람과 이야기하는 것처럼 자연스러워졌다. 나 진짜 대구에서 태어나고 자란 남자가 맞나?

외국여행자들과 어울려 일일 투어를 하거나 3일에서 14일 동안 함께 트레킹을 했다. 같은 음식을 먹고, 같은 곳에서 자고, 기본적인 생리현상까지 함께했다. 처음 만났을 때 외국인이어서 어색했던 마음이 여행을 즐기

는 같은 여행자로서 편해졌다. 사람을 대할 때 남, 녀, 노, 소에 대한 고정 관념과 이에 따르는 거리감이 옅어졌다. 만나는 사람이 좋으니 그 나라와 문화에 대해서 관심을 가지게 되었다.

그런데 2% 부족한 아쉬움이 있었다. 나라마다 사용하는 말과 글이 달랐다. 짧은 만남은 기본적인 영어로 의사소통이 가능했다. 조금 더 친하게 되었을 때 정치, 경제, 사회는 물론 자연환경까지 이야기하고 싶었다. 대화가 깊어질수록 영어를 유창하게 잘하지 못해 단어 선택의 아쉬움이 있었다. 때로는 마음속 깊은 이야기를 나누고 싶은데 정확한 표현을 할 줄 몰라서 제대로 전달이 안 되었다. 같은 말을 사용하면 속 깊은 이야기도 많이 나누었을 텐데 하는 아쉬움이 있다. 이럴 때마다 영어 공부를 더 해야겠다고 생각한다. 몇 개국 언어를 그 나라 사람에 맞게 유창하게 말하는 사람들이 부러웠다.

세계의 언어 종류는 과연 몇 가지나 될까? 약 6,000가지가 있다고 한다. 생각보다 많다. 한 언어만 사용하면 갈등과 분쟁이 대화로서 많은 부분 해결될 텐데 하는 아쉬운 마음이 든다. 100만 명 이상 사용하는 언어는 250가지가 있다고 한다.

세계에서 가장 많은 사람이 사용하는 언어는 어떤 것일까?

흔히 세계 공용어라고 알려진 영어가 전 세계에서 가장 많이 사용되는 언어일까? 세계에서 가장 많은 사람이 사용하고 있는 언어는 총 33개국에서 약 12억 명이 사용하고 있는 중국어다. 2위는 31개 국가에서 4억600만 명이 사용하는 스페인어다. 브라질을 제외한 거의 모든 중남미 국가에서 사용한다. 스페인어를 익혀두면 이탈리아, 포르투갈의 말도 대부분 이해할 수 있다. 언젠가는 꼭 중남미 여행을 할 계획인데 필수적으로 배워야겠다.

언어는 살아온 환경과 생각에서 표현의 차이가 있다. 어항 속에 물고기를 넣어두고 표현하게 했다. 한국 사람은 '어항 속에 물이 담겨있고 그 안에서 물고기가 헤엄친다.' 미국 사람은 '행복해 보이는 물고기가 물이 담긴 둥근 어항에서 헤엄치며 놀고 있다.' 물론 철학자들은 다르게 말하겠지.

같은 언어를 사용해도 불통인 사람이 있다. 열린 마음으로 서로 이해하는 것이 기본이다. 다른 언어를 사용해도 마음이 맞으면 이심전심으로 통하는 사람이 있다.

때로는 머무는 것도 여행이다

여행하면서 숙소에 가만히 있으면 어색하고 불편했다. 그냥 있으면 괜히 누군가에게 미안한 마음이 들었다. 무엇인가 해야 할 것만 같았다. 많은 것을 보고 느끼고 경험해서 결과물을 만들어내야만 할 것 같았다.

여행 자금을 모으기 위해 3년 동안 매일 새벽 4시에 일어나 오토바이를 타고 신문 5종류를 배달했다. 비슷한 업종을 늘려가면서 부지런히 일했다. 반복되는 일상이 피곤했지만, 세계여행을 다니는 나를 생각하면 기분이 좋아졌다. 모든 것을 정리하고 그동안 수고한 나에게 약속한 세계여행을 떠났다. 그런데 여행지에 와서도 몇 달 동안 새벽 4시가 되면 저절로 눈이 떠졌다. 습관이란 이렇게 무서운 것이다. 몸이 기억하고 있었다. 자기 전에는 내일 날씨가 어떻게 되는지 궁금했다. 저녁에 비나 눈이 오면

새벽부터 힘들어할 일 때문에 걱정이 되었다. 그러나 이제는 어떠한 궂은 날씨도 걱정을 하지 않아도 되는 것이 너무 좋았다.

여행하는 동안 아침이 되면 셀렘과 기대로 마음은 부풀어 올랐다. 하루도 쉬는 날 없이 여기저기 돌아다녔다. 섬에서는 오토바이를 빌려서 탐험하듯이 새로운 곳을 다녔다. 물론 재미있었고 신났다.

이런 나를 보고 여행 친구들은 나에게 여행 왔으니 여유 있게 편하게 즐기라고 말했다. 그 말을 들으니 딱 나에게 필요한 조언을 해준 친구가 고마웠다. 그 후로는 조금씩 한 템포 여유로운 마음을 가지게 되었다. 비가 오면 비가 오는 대로, 날이 좋으면 날이 좋은 데로 받아들이게 되었다. 이렇게 나는 조금씩 변하기 시작했다. 한 곳에 머무는 것이 어색하지 않게 되었다. 섬에서 며칠을 머물렀다가 육지에서 더 멀리 떨어진 섬으로 이동하면서 즐겼다. 아침에 눈을 뜨면 온몸에 땀이 나도록 해변을 달리고 수영하면서 하루를 시작했다. 아침 식사는 간단하게 샌드위치와 커피였다.

내가 하고 싶은 일을 하고, 먹고 싶은 것을 먹으면서 하루를 보냈다. 바다를 바라보는 시간도 늘어갔고 생각도 많이 하게 되었다. 하루에도 몇 번씩 하늘을 쳐다보며 좋아서 싱긋 웃는 횟수가 많아졌다.

'오케이, 디스 이즈 마이 라이프!'
지금 이 순간을 즐기고 만족스러웠다.

난 대구에서 장남으로 태어나고 자란 B형의 전형적인 경상도 남자다. 한마디로 고지식하고 고집이 세고 말이 없다. 나의 고정관념도 서서히 바뀌기 시작했다.

예를 들면 이곳에서 만난 여성 여행자들은 비키니를 입었는데 브래지어를 하지 않고 수영하고 햇살을 즐겼다. 처음에는 여자가 왜 그렇게 할까 생각했다. 당연히 브래지어를 해야 하는데 지금까지의 고정관념으로 보기 민망하여 눈을 어디에 둘지 몰랐다. 그러나 시간이 흐를수록 보는 것이 자연스러워졌다. 그 이유는 여자가 아닌 사람으로 보기 시작했기 때문이다. 경직된 생각들이 엷어지기 시작했다. 상대방의 입장에서 그럴 수도 있겠구나, 무슨 이유가 있겠지 하면서 이해하고 받아들였다. 여행은 그렇게 나를 조금씩 변화시키면서 성장시키고 있었다.

태국에는 보석같이 반짝반짝 빛나는 아름다운 섬들이 많다.
많은 여행자와 예술가들이 머무는 이유를 알 것 같았다. 누구라도 이곳에 있으면 시인이 되고 화가가 될 것만 같다. 섬 이름 앞에 '코'가 많다. '코'는 태국어로 섬이란 뜻이다.
코피피, 코사무이, 코팡간, 코사멧, 코타오….
그립고 다시 가보고 싶은 섬들이다.

사고가 나도 즐거운 것이 여행이다

낯선 장소에 도착하면 기분이 좋아지고 심장이 뜨거워진다.
새로운 곳을 경험한다는 것은 처음 보는 음식을 먹는 것과 같다. 조심스럽고 두려우면 먹지를 못한다. 그런 점에서 나는 적응을 잘 하는 것 같다. 만나는 여행자들은 여행 체질이라고 말한다. 자연을 보면서 아름답다고 느끼고 감탄한 곳은 우리나라가 아닌 외국에서였다. 왜 그랬을까?
익숙함에서는 아름다움을 느끼지 못하는 것일까? 떠나야만 감정이 풍부해져서 감탄하게 되는 것일까?

여행을 다니다 보면 예기치 않은 사고를 당하게 된다. 큰 사고가 아닌 이상 이 또한 여행 중에 일어난 경험의 한 부분이 되어 이야깃거리가 되고 추억이 된다. 세계 여행을 떠나기 전 3년 동안 일주일에 6일을 캄캄한 새벽부터 오토바이를 타고 신문 배달을 했다. 크고 묵직한 오토바이를 내 몸처럼 자유롭게 속도와 방향을 조절하며 잘 달릴 수 있다. 때로는 시내에서 신호 받으면 질주하기도 했다. 지금 생각해도 사고 한번 나지 않은 것을 감사하게 생각한다.

태국의 많은 섬에서는 교통편이 불편하므로 오토바이를 빌려서 다녀야 편하다. 하루는 비포장 산길을 내려오다가 어쩔 수 없는 상황에서 최대한 잘 미끄러졌다. 크게 다치지 않은 것을 감사하게 생각하며 웃었다. 의료시설이 없어서 상처로 인해 덧나지 않도록 바닷물에 몸을 던졌다. 타박상과 긁힌 자국이 쓰리고 아팠지만, 파상풍을 막기 위해서는 바닷물에라도 소독을 해야 했다. 지금도 다리에 난 흉터를 볼 때 아찔했었던 사고 순간을 떠올리며 미소짓는다.

싱가포르 대학에 다니는 대학생 4명과 우연히 만나 어울려 며칠을 함께 다녔다. 싱가포르 최고 명문대학을 다니는 학생들답게 스마트했다. 그들과 여러 경험을 함께하며 즐거웠고 유쾌했다. 그들은 모두 운전할 줄 몰랐다. 국제면허증이 있는 사람이 나밖에 없었다. 한국차가 없어서 일본 차를 빌려 섬을 질주하며 여행이 주는 자유를 만끽했다. 운전석이 오른쪽에 있는 차를 보기도 처음 보지만 내가 운전하게 될 줄이야.

도로에서 주행 차선이 우리나라와는 반대로 왼쪽에 있다. 직진 주행은 어려움이 없었으나 교차로에서는 순간 당황하게 되었다. 어느 차선으로, 어느 방향으로 회전해야 하나? 좌회전은 짧게 회전하면 되지만 우회전은 크게 회전을 해야 하는 것이 어색했다. 왜 이렇게 불편하게 운전석을 오른쪽에 했을까? 이것은 내 몸에 익지 않아서 그런 것이다. 현지인 대부분은 속도를 줄이지 않았고 교통법규에 무신경하여 대책 없이 달린다. 처음에는 내가 역주행하면서 상대방 차 보고 비키라고 경적을 울리는 어처구니없는 실수도 했다. 2번 충돌과 추돌을 할 뻔해서 정신을 바짝 차리고 방어 운전을 하면서 조심해서 운전했다. 가끔 우리나라 차가 지나가면 경적을 울리고 친구들에게 우리나라에서 만든 차라고 자랑했다.

아름다운 섬에서 하이라이트는 스노클링이다. 작은 배를 운전하는 선장이 포인트로 집어준 곳에 도착하면 외국 여행자들은 망설임 없이 첨벙첨벙 들어가서 수영을 즐겼다. 나도 아무 생각 없이 그들을 따라 물속으로 들어갔다. 조금 있다가 깨달았다. 이곳은 바다며 발이 땅에 닿지 않는 깊은 곳이었다. 수영장에서는 수영하다가 힘들면 바닥에 발을 딛고 서서 쉬었다. 그런데 이곳은 그렇게 할 수가 없었다. 아차! 하는 순간부터 당황하기 시작했다. 팔과 다리에 힘이 들어가며 허우적거렸다. 짧은 시간 동안 내 입으로 바닷물은 거침없이 들어왔다. 바닷물은 진짜 짰다. 몇 번을 오르락내리락 거리며 혼자 라이브 쇼를 하는 중에 스노클링을 즐기던 아가씨가 내 상태가 심각한 것을 깨닫고 팔을 잡았다. 나는 구세주를 만난 듯 그녀를 꼭 잡고 구조되었다.

배 위로 올라오니 입과 코에서 쓴 물이 나왔다. 머리는 어지러웠고 하늘이 노랗게 보였다. 몸은 으슬으슬 추워 입술이 파랗게 변했고 턱이 덜덜 떨렸다. 조금만 늦게 구조되었더라면 하늘나라에 갈뻔 했다. 친구들은 허우적거리는 나를 보았는데 장난치는 줄 알고 있었다며 수영할 줄 모르냐고 물었다. 조금 할 줄 안다고 했는데 약간 창피했다. 그들은 미안해하며 걱정했다. 내가 수영을 잘하지 못해서 일어난 일인데 누구를 탓하겠는가?

귀국하여 바로 수영장에 등록해서 처음부터 제대로 배웠다. 지금은 수영장 50m 레인을 10번 넘게 왕복할 수 있고 물 위에서 뜰 수 있게 되었다. 최소한 그때와 같은 상황은 만들지 않을 것 같다. 몇 년 동안 너무 열심히 했는지 오른쪽 어깨에 석회가 생겨 통원치료하며 1년 넘게 치료받고 약을 먹었다.

귀국 후에도 그들과 몇 년 동안 편지를 주고받았다.

동물원과 자연 속에서 사는 동물

"나에게 자유가 아니면 죽음을 달라."

- 패트릭 헨리

어렸을 때 부모님과 서울 나들이를 하였다. 창경궁은 옛날에 임금님이 살았던 곳이라는데 동물들이 있는 것이 이상했다. 나중에 일제강점기때 일본이 일부러 그렇게 한 것인 걸 알고 분노했다. 처음 보는 목이 긴 기린이 신기했다. 여러 동물들을 구경하면서 좁은 우리 안에 갇혀있는 동물이 불쌍했다. 어린 마음에 가족과 떨어져서 살면 얼마나 외롭고 가족들이 보고 싶을까 하는 생각이 들었다. 살아 움직이는 동물들을 가두는 것이 답답해 보였다. 특히 야생동물들이 기운이 없어 축 처져 있는 모습이 불쌍했다. 아프리카 초원과 자유로운 하늘이 그리울 것 같았다. 사람들은 동물원을 왜 만들었을까?

영화 '혹성 탈출'을 보면 인간이 우리에 갇혀 있다. 외계인들이 인간을 보면서 하는 말이 동물원에서 사람들이 하는 말과 같았다. 다른 나라 동물원에는 어떤 동물들이 있을까? 궁금해서 찾아가 보았는데 동물의 종류가 비슷했다. 냄새나는 것도 똑같았다. 동물원을 구경하고 나오면 왠지 마음이 편치 않다.

방콕에 있는 두싯 동물원은 태국에서 가장 오래되었고 총면적은 12만 ㎡로 가장 넓다. 방콕동물원 또는 카오딘이라고 부른다. 원래 이곳은 타이 국왕 라마 5세의 개인 정원이었다. 지금도 정원의 분위기가 곳곳에 보였다. 인공호수와 각종 열대 식물들로 가득하다. 동물원 내부에는 숲 사이로 산책로가 조성되어 있어 정글 속을 걷는 것 같다. 분수대와 각종 편의시설이 있어 사람들에게 좋은 휴식처가 된다. 태국에서 가장 인기 있는 동물은 코끼리다.

책임이 따르는 배낭여행자

카오산 로드는 '배낭여행의 메카'라고 부르기도 하며 '배낭여행의 시작과 끝'이라고 말한다. 자유여행에서 지친 몸과 마음을 쉬기 때문에 휴식처가 된다. 복잡하고 무질서한 약 2km의 길을 구경하며 걷는 것을 좋아했다. 볼거리도 다양하고 먹거리도 풍부하다. 걷다가 더우면 카페에 앉아서 시원한 코코넛 과즙을 마시며 꿈을 찾아 떠나고 여행을 즐기는 사람들의 환한 얼굴을 보는 것을 좋아했다. 초보 여행자의 설렘과 기대로 가득한 얼굴을 보면 풋사과를 보는 것처럼 싱그럽다. 자기 덩치만 한 배낭을 메고 자신만만하고 당당하게 걷는 이들을 보며 마음속으로 응원한다. 여행자들의 공통점은 자유롭고 환한 얼굴이다. 이곳은 세계 각국에서 모여들기 때문에 피부색이 다양한 인종 전시장이다. 개성 있는 표정과 행동들을 보고 있으면 시간 가는 줄 모르게 흥미롭고 재밌다. 여행자들과 이

야기를 하면서 알지 못했던 것을 배워가며 나의 사고는 조금씩 열리고 깨어진다. 귀찮은 점은 새로운 사람을 만날 때마다 내 소개를 비롯한 같은 이야기를 해야 한다는 것이다. 그럼에도 불구하고 좋다. 낯선 이곳에서 자유롭고 멋있어지고 있는 나를 느낀다.

태국 여행을 왔는데 카오산 로드를 걷지 않았다면 좋은 체험을 놓친 것이다. 여행이란 익숙함에서 떠나는 것이다. 대문을 나서는 순간부터 여행이 된다. 낯선 곳은 항상 새롭고 볼 것이 많아 바쁘게 움직여야 한다. 특히 배낭 메고 하는 자유여행은 모든 것을 스스로 하는 것이므로 부지런히 움직여야 많은 것을 경험할 수 있다. 반대로 한없이 게으르게 하루를 보낼 수도 있다. 그것은 본인의 몫이다.

여행할때는 사는 사람들의 일상 속으로 들어가 그들의 문화를 인정하고 즐기면서 같은 것을 먹는 것도 중요하다. 기본적으로 지킬 것은 지켜야 한다. 그 나라의 관습은 존중하고 따라야 한다. 밤은 또 다른 세계가 펼쳐진다. 환락가인 팟퐁을 가보았다. 태어나 처음 보는 광경에 놀라웠다. 거리에는 모조시계를 팔고 있었다. 아버지 어머니에게 선물로 드릴 금박으로 된 롤렉스 시계를 사고 흐뭇했다. 낮에는 보지 못했던 것들이 보인다. 인생도 그렇듯이 여행하면서도 한 면만 보고 판단하는 어리석음을 범하지 않아야 한다. 그래서 나는 여행은 멋지고 매력적인 선생님이라고 생각한다.

3. 유럽

(프랑스, 스페인, 스위스, 이탈리아, 독일, 오스트리아,
네덜란드, 노르웨이, 스웨덴, 핀란드, 덴마크, 벨기에,
체코슬로바키아, 헝가리, 영국, 그리스, 터키)

프랑스

사랑스러운 낭만의 도시

세계여행을 하기 위해 외국으로 가는 비행기를 처음 탔다. 대만으로 가는 비행기를 타기 전에 걱정을 했었다. 영어로 된 입국신고서와 세관신고서를 작성하는 것과 입국 심사관 질문에 대답을 잘할 수 있을지 고민했다. 작성법을 암기해서 그대로 적었다. 걱정과 달리 입국하는데 큰 어려움은 없었다. 여권에 첫 입국 도장이 찍혔을 때 뿌듯하고 기분이 좋았다.

동남아시아를 여행하고 파리로 가기 위해 방콕에서 비행기를 타고 2번 경유하는 동안 비행기와 승무원이 바뀌었다. 긴 비행시간으로 지루함과 좁은 좌석의 불편함은 새로운 나라를 여행한다는 생각을 하며 견딜 만했다. 기내식을 시간 맞추어 잘 챙겨주는 스튜어디스에게 감사한 마음을 표현하고 두 번씩 더 청해 먹었으니 총 몇 번을 먹었을까? 아시아 여행의 추억을 회상하며 앞으로 전개될 유럽 여행에 대한 설렘과 기대감으로 내 가슴은 뛰었다.

'유럽에 있는 여러 나라들은 어떤 모습일까? 어떤 만남으로 인연을 만들

고 어떤 크고 작은 일들이 나를 기다리고 있을까?'

고대 철학자는 추억을 가진다는 것은 여러 번의 인생을 산다고 말했는데 깊이 공감된다.

파리로 가는 두 번째 비행기 안에서 홍콩 여행자 3명을 만나 이야기를 하면서 친해지게 되었다.

'야호. 내가 드디어 낭만의 도시 파리에 도착했다.'

공항에 도착하니 안내 방송이 불어로 나왔는데 귀에 착착 감기는 것이 샹송을 듣는 듯 감미로웠다. 그러나 분명 사람이 말을 하고 있는데 무슨 뜻인지 전혀 알 수가 없는 것이 신기했다. 대구에 있는 프랑스 어학원인 '알리앙스 프랑세스'에서 청강을 해서 들은 생활 불어 몇 마디를 떠올려 보았다. 홍콩 여행자 제임스에게 파리는 처음이라고 하니 자기도 처음이라면서 친척 집에 같이 가자고 했다. 가족의 환대를 받고 식사와 우롱차를 대접받았다. 아주머니와 같이 메트로 역에 가서 지하철 타는 방법을 듣고 5일 정기 승차권도 발권했다.

'오늘부터 나의 발이 되어줄 메트로야, 반갑구나. 기다려라.'

유럽 배낭여행 첫날부터 좋은 사람들을 만나 필요한 도움을 받아서 감사했다. 첫 출발의 느낌이 좋다.

1900년에 개통된 '메트로'는 파리 시내를 14개 거미줄처럼 얽혀 조밀한 교통망을 형성하고 있어 놀라웠다(참고로 우리나라 첫 지하철 개통은 1974년 8월 15일 서울역과 청량리 사이 9.54km 구간이다. 기념우표가 내 우표책에 있다).

지하철역은 서울지하철역과 다르게 대부분 희미한 불빛과 지저분한 낙서와 쓰레기들이 많았다. 선진국으로 알고 있는 파리인데 실망했다. 의외로 흑인들이 많이 보여 이상하다는 생각이 들었고 혼잡함은 서울과 비슷했다. 사람들 대부분이 키가 나보다 작았고 아담했다. 유럽 사람들은 체격이 클 줄 알았는데 그렇지만은 않았다. 수수한 느낌의 평범한 옷을 입었다. 여자들은 화장을 진하게 했고 연극배우처럼 눈에 검은색 계열의 아이섀도를 하고 여러 종류의 향수를 많이 뿌렸다.

호스텔 침실에서 매일 아침 식당으로 내려가는 계단에서부터 진한 커피 향과 갓 구워낸 빵 냄새가 나를 반겼다. 아침 식사를 하면서 입이 즐거웠고 오늘의 일정을 생각하며 마음이 들떴다. 귀국해서도 몇 년 동안 기억에 남는 것을 보니 오감 중에 후각이 가장 오랫동안 남는 것 같다.

제일 먼저 외환은행 파리지점을 찾아갔다. 사연은 이러하다. 한 달 전 태국 방콕에서 코사무이로 가기 위해 야간버스를 타고 30kg 배낭을 짐칸에 두었다. 게스트하우스에 도착해서 배낭 정리를 하는데 깊숙하게 숨겨둔 여행자 수표와 고액권 달러와 프랑이 없어졌다. 순간 눈앞이 캄캄하고 아찔했다. 몇 번을 다시 찾아보아도 없다. 어떻게 된 일일까? 곰곰이 생각해보니 버스 조수인 꼬마가 가져가지 않았다면 마땅히 의심할 사람이 생각나지 않는다. 버스 아래 짐칸은 캄캄하고 짐으로 가득하여 좁은 공간인데 배낭 깊숙한 곳에 있는 고액권과 여행자 수표만을 어떻게 가져갔는지 지금도 신기하다. 이거야말로 심증만 있고 물증이 없다. 전문털이임이 분명하다. 더군다나 버스는 이미 방콕으로 떠났다. 다른 여행자의 짐은 안전할까? 몇 명이 나와 같은 표정을 짓고 있지는 않을까? 그동안 얼마나 많은 여행자들이 당했을까? 내가 당한 일을 여행자들에게 이야기하니 어떤 야간버스에서는 승객들에게 잠자는 수면 가스를 뿌려 귀중품을 몽땅 털었다는 이야기를 했다.

어떻게 이런 일이…? 앞으로 야간 버스를 타면 조심해야겠다. 그렇다고 잠을 자지 않을 수도 없지 않은가. 다행히 복대에 있는 여권, 귀국 항공권과 며칠 동안 사용할 현금은 안전했다. 경찰서에 신고하고 분실 확인서를 받아 잘 보관했다. 여행자 수표의 일련번호를 수첩에 적어두었기에 외환은행 파리지점에서 재발급을 받고 나니 안심이 되고 마음이 편해졌다. 아찔하고 걱정했던 마음은 가라앉고 불행 중 다행이란 생각이 들어 감사했다. 여행 자금 전액을 현금으로 가지고 있었거나 일련번호를 적어둔 수첩까지 잃어버렸다면 세계여행을 중단할 뻔했다.

파리는 프랑스의 정치, 경제, 교통의 중심지일 뿐만 아니라 세계 문화 중심지로 '꽃의 도시'라고 불린다.

파리지앵들은 스스로 '빛의 도시'라 부르며 자랑스러워한다. 파리는 소문대로 도시 전체가 볼거리 가득한 놀이동산과 유물들이 많은 박물관을 합쳐 놓은 듯했다. 괴테의 말대로 "거리의 모퉁이 하나를 돌고, 다리 하나를 건널 때마다 바로 그곳에 역사가 전개된다"는 말에 동의한다. 역사적 유적의 보고일 뿐만 아니라 20세기 현대가 공존하며 활발하게 움직이는 도시였다.

5일 동안 파리와 근교를 모두 보기에는 현실적으로 어려운 일이기에 보고 싶은 곳을 선택해서 보기로 했다. 산이 없고 평지인 파리에서 제일 높은 129m의 유명한 몽마르트르 언덕 위에 올랐다. 하얀색의 성당이 너무 멋졌다. 성당이 이렇게 아름다울 수가 있다니…. 뒤편으로 무명화가들의 작품 숲을 걷고 있다는 것만으로도 신기하고 눈이 즐거웠다.

에펠탑 설립 당시에는 많은 시민들이 기이하게 생긴 철탑이라고 하며 '비극적인 가로등'이라는 혹평을 받았다. 그런데 지금은 세계인들 누구나 파리에 오고 싶어 하고 파리하면 에펠탑을 떠올린다. 대중이 다 옳지만은 않다. 소신을 가지는 것이 중요하다고 생각한다. 철탑 구조물인데 이렇게

멋질 수가 있을까? 파리 어디에서 보아도 에펠탑이 보여 이정표로 삼아
걸었다. 300m 전망대로 가는 엘리베이터는 올라갈수록 구간마다 요금도
올라갔다. 여행하면서 경비를 절약하는 방법은 몸으로 때우는 수밖에 없

다. 우리는 혈기왕성한 20대의 젊은 청춘들이니 튼튼한 두 다리로 전망대까지 씩씩하게 걸어서 오르기로 했다. 올라갈수록 숨은 가빠지고 다리는 떨렸다. 장기간 여행을 하면서 체력이 많이 떨어졌나 보다. 생각만큼 쉬운 일은 아니었다. 한 계단을 오를 때마다 돈을 번다는 생각을 했다. 드디어 전망대에 올랐다. 사방팔방으로 탁 트인 풍광을 보니 눈이 크게 떠지며 몸과 마음이 뻥 뚫렸다. 파리 시내가 한눈에 들어오고 전체적인 지형을 파악할 수 있었다. 산이 없어 지평선이 보이는 것이 신기했다.

센 강은 한강에 비교하면 생각보다 폭이 좁았다. 유람선을 타고 'MyMy'(휴대용 카세트 플레이어)에서 흘러나오는 샹송을 들으며 중세 건물들을 보는 것도 나름 운치가 있었다.

개선문을 바라보며 샹젤리제를 걸었다. 햇살은 적당히 따사로웠고 시원한 바람이 살랑살랑 불어 명품거리를 구경하며 걷기에 딱 좋았다. 사실 처음 보는 이름들이 대부분이었다.

거리 곳곳에는 음악을 좋아하는 사람들이 특색 있는 거리공연을 하는 것이 신기했다. 연주하는 사람도 구경하는 사람도 자연스러웠다. 한국에서는 보지 못한 모습이라 유럽여행 온 것이 실감 났다. 한쪽에서는 그림 그리기에 집중하는 화가들을 보는 것도 평소에 보지 못한 것이라 유심히 보았다. 이젤에 놓인 스케치북 위에 눈앞에 있는 정경들이 그림으로 담기는 것이 신기했다. 파리는 모든 예술을 함께 공유하며 즐기는 것 같다. 빠르게 흘러가는 시간들이 달콤하고 감미로운 꿈을 꾸는 듯하다. 중학생 때 막연하게 꿈꿔왔던 세계여행을 하며 지금 파리에서 즐거워하고 행복해하는 나를 본다.

파리 시내와 근교에는 60여 개의 박물관과 미술관이 있다고 한다. 세계 3대 박물관 중 하나인 루브르 박물관은 프랑스는 물론 유럽이 자랑하는 세계적인 문화유산의 보고라고 한다. 박물관을 좋아하지 않는 사람이라도 꼭 가볼 것을 권하는 곳이다. 시대와 장소를 불문하고 귀한 보물들을 한 장소에서 볼 수 있다는 것이 신기하고 좋았다. 대부분 전시품들이 다른 나라를 침략해서 약탈했다는 사실은 좀 그랬다. 일제 강점기를 생각하며 우리의 소중한 문화유물들도 일본이 많이 빼앗아 갔다고 생각하니 괘씸한 생각이 들고 마음이 불편했다. 한국관은 일본관에 비해 작았고 전시품도 적었다. 우리나라 정부나 대기업에서 관심을 가져주었으면 좋겠다는 생각이 들었다.

오르세 미술관은 루브르 박물관 건너편에 있다. 특이하게 기차역을 개조해서 만들었다고 한다. 학창시절에 미술책에서 본 친숙한 인상파 화가들의 작품들과 반 고흐, 세잔을 비롯한 유명한 작품들이 있다. 규모가 넓은 루브르 박물관보다 이곳이 더 마음에 들었다. 유명한 그림 밑에는 어린 꼬마부터 여러 연령층의 사람들이 그림을 그리는 모습을 미소 지으며 보았다. 파리에 사는 사람들은 언제든지 마음만 먹으면 귀중하고 아름다운 작품들을 볼 수 있으니 좋겠다는 생각이 들었다.

퐁피두 센터는 '문화의 공장'이라고 부른다. 별칭대로 특이하게 생긴 건물이었다. 빨강, 파랑, 노랑, 초록의 파이프가 건물 밖으로 나와서 아직 완성되지 않은 건물을 보는 것 같아 어색하고 이색적이었다. 여러 철근들이 복잡하게 나와 있었고 투명한 유리 통로가 계단처럼 연결된 독특한 건물 안으로 들어가 구경했다. 대담한 구조 내부에는 예술, 문화 활동의 여러 기능의 전시실이 있었다. 광장에서는 다양한 장르의 공연을 하고 있었다.

우리나라에서는 문화라는 단어가 생소했다. 문화 공간이라고 하면 도서관 1층 전시실에서 가끔 전시하는 것이 전부였다.

그들은 행복했을까?

프랑스에 오면 기본적으로 보아야 할 명소가 많다. 그중 하나인 베르사유 궁전은 파리 도심에서 직선거리로 약 17km 정도 떨어져 있다. 지하철을 타고 가는데 실내는 냉방이 제대로 가동되지 않았다. 유럽 사람들의 특이한 암내와 다양한 종류의 진한 향수가 범벅이 되어 나의 코는 심히 괴로웠다. 암내가 이 정도로 고약하다는 것을 처음 경험했다. 멋쟁이 아가씨도 암내가 나니 곁에 앉아 있는 것이 부담스러웠다. 유럽에서 향수가 발달한 이유가 암내를 감추기 위해서였다는 사실이 맞는 것 같다. 40분 후 목적지에 도착하니 파리 시내와는 또 다른 아름다운 풍광이 펼쳐졌다.

베르사유 궁전은 세계 5대 왕궁 중 한 곳으로 1979년 세계문화유산으로 지정되었다. 유럽 최고의 왕권을 자랑하던 부르봉 왕조가 집권하는 100년 동안 절대 권력의 중심지였다. 루이 13세가 사냥용 별장으로 지었는데 1662년 태양왕으로 유명한 루이 14세의 명령으로 거대한 정원을 착공하였다. 넓은 면적 위에 바로크 건축의 대표작품으로 평가할 만큼 호화로운 왕궁과 아름다운 정원으로 유명하다. 절대왕정의 권력이 얼마나 컸으면 "짐이 곧 국가다"라는 국민을 무시하는 안하무인한 소리를 했을까?

결국 루이 16세와 마리 앙투아네트는 1789년 프랑스 대혁명으로 단두대 이슬로 사라졌다. 사치와 막말의 왕비 마리 앙투아네트는 국민들이 굶어 죽는다고 했을 때 "빵이 없으면 케이크를 먹으라"고 말했다고 한다. 신세대들에게 불과 몇십 년 전에는 먹을 것이 없어 풀을 뜯어먹고 허기를 채우기 위해 물을 마셨다고 말하면 "라면 끓여 먹으면 되지요" 하는 말과 같다. 대혁명 이후 절대 권력의 왕정 시대는 막을 내리고 공화국으로 바뀌면서 이곳은 일반인에게 개방되었다. 역시 소문대로 왕궁은 허세로 가득했다. 안팎을 금과 보석으로 화려하게 장식하고 명화들도 많아서 눈이 놀랐다.

사람이 살았던 곳인지? 박물관인지? 관광객들은 처음 보는 놀라운 광경에 사진 찍기 바빴다. 유명한 거울 방은 길이 73m, 너비 10.5m, 높이 13m인 회랑으로서 커다란 거울이 17개가 있다. 거대한 벽면을 만들기 위해 아케이드를 만들었는데 장식의 섬세함에 감탄했다. 천장에 그려진 화려한 프레스코화를 한참 올려다보니 목이 아프고 눈이 피로했다. 중세시대 예술가들의 미적 감각과 표현 능력에 저절로 탄성이 나게 했다. 지금까지 잘 보존되어 내가 구경할 수 있다는 사실에 고마운 마음이 들었다.

여의도 면적과 비슷한 넓이의 정원에서의 첫 느낌은 정원사들이 고생했겠다는 생각이 들었다. 곳곳에 여러 나라의 아름답고 특색 있는 정원을 만들었다. 영화 '가위손'(1990)에서 주인공의 화려한 손놀림과 가지가 잘려서 나무들이 아파하던 장면들이 생각났다. 인위적이고 획일화된 나무들의 균형과 배치에 놀라워 감탄은 했지만 그렇게 좋아 보이지만은 않았다. 자연은 있는 그대로가 편안하고 보기 좋다.

왕과 귀족들이 호사스럽게 안락한 생활을 즐기는 동안 프랑스 국민들은 세금을 많이 내면서 참 곽곽하고 고단한 삶을 살아야 했겠다는 생각이 들었다. 왕궁과 정원을 둘러보면서 우리나라 왕들은 프랑스 왕들에 비해 소박하게 살았구나 생각했다. 서울에 있는 5개 고궁과 정원의 배치가 여백의 미를 생각하고 자연과 더불어 조화를 이룬다고 생각한다. 그러나 눈에 보이는 엄청난 규모와 화려함은 비교될 수밖에 없다. 당시 이곳에 있었던 사람들을 상상해본다.

화려함의 극치인 궁전과 넓은 정원에 화장실이 달랑 3곳밖에 없다는 것이 이상했다. 약 5,000명이 거주하였고 화려한 무도회가 매일 밤 열려 많은 사람들이 방문했다고 한다. 인간의 원초적인 본능인 배설은 어떻게 해결했을까?

실제로 화려한 드레스를 입은 귀부인들은 조그마한 변기통을 들고 다녔다고 한다. 하녀들이 꽉 조인 코르셋을 푸는데 고생했겠다 싶다. 파티를 즐기다가 볼일을 볼 때는 멋 부리기 위해 입은 풍성한 드레스가 얼마나 불편했을까? 어쩌면 먹는 것을 참을 수도 있었겠다. 아름다운 꽃이 많은 정원의 분뇨에서 나오는 스멀스멀한 냄새가 심했을 것이다. 밟지 않기 위해 하이힐이 생겼다는 이야기가 전해져 온다.

어렸을 때 호박을 심어 놓은 주위에 분뇨와 신문지를 보며 코를 막고 지나갔던 기억이 났다. 그때는 농작물의 성장을 위해 분뇨를 퇴비로 사용했다. 인도 사람들은 이른 아침에 물이 담긴 작은 깡통을 들고 들판에 쪼그리고 앉아 볼일을 보면서 하늘, 별, 바람의 기운을 느꼈다고 한다.

유명한 베르사유 궁전의 화려함을 처음 보았을 때의 놀라움은 시간이 흐를수록 덤덤해지고 몸은 피곤해져 갔다. 쉬고 싶다는 생각이 들었다. 아마 이곳에 사는 사람도 그렇지 않았을까 생각한다. 궁전에서 조금 떨어진 곳에 나무들이 울창했다. 그곳으로 가서 걸으니 피로가 조금 풀리는 것 같다. 역시 숲이 있는 자연은 사람에게 좋은 에너지를 주는 것을 느꼈다. 주변이 조용한 잔디에 누워서 파란 하늘을 쳐다보며 시원한 바람이 살랑살랑 부는 것을 즐겼다. 간편한 옷차림이 자유롭다. 숲 속에 들어가 소변을 보았다.

동심으로 돌아가게 만들었다

'유로 디즈니 리조트 파리'는 파리의 동쪽 32km에 있다. 1992년 4월 12일에 세계에서 4번째로 개장했다. 개장한 지 얼마 되지 않아 모든 시설과 놀이기구들이 깨끗하고 산뜻했다. 22만3천 제곱미터의 넓이는 파리 시내의 5분의 1에 해당된다. 5개의 테마파크로 구성되어 하루 종일 바쁘게 돌아다녀도 다 보지 못할 정도로 다양했다. 하루 동안 동심으로 돌아가서 많이 웃고 재미있게 잘 놀았다. 영화 테마파크인 유니버설스튜디오와는 또 다른 느낌의 어른들이 더 좋아했던 놀이동산 테마파크였다.

혼자 여행을 다니다 보면 멋진 풍경이나 맛난 음식을 먹을 때 함께 하지 못한 가족 생각이 많이 났다. 만약 혼자 화려한 베르사유 궁전과 볼거리, 즐길 거리 천국인 디즈니랜드에 갔다면 조금 외롭고 쓸쓸했을 것이다. 그러나 파리에 유학 온 아가씨들과 함께했기에 재미있게 즐기고 잘 구경했다.

유학생들이 머무는 기숙사에서 삼 일 머무르면서 여러 곳을 여행하였다. 한국에서 이역만리 떨어진 프랑스 파리에서 생면부지인 나에게 동포애를 느꼈다고나 할까? 마음 씀씀이가 고맙고 예쁜 아가씨들이다. 지금은 어느 하늘 아래에서 멋진 중년 부인으로 잘 살고 있겠지.

여담 한 가지. 런던에서 여대생과 잠시 여행했다. 세상은 넓고 좁다더니 유학생 중 한 명과 친한 친구 사이였다. 귀국하여 서로 여행 이야기를 하면서 사진을 보다가 내 사진을 보고 반갑고 놀라웠다고 편지로 전해주었다. 만나서 함께 여행한 아가씨들에게 세계여행 중인 내가 좋은 인상을 가진 멋진 아저씨였고 좋은 추억이었다고 말했다.

영화 속의 한 장면, 몽생미셸은 신비로웠다

영화 '라스트 콘서트'에서 '스텔라를 위한 마지막 협주곡'의 선율은 감미로우면서 슬펐다. 멋진 배경이 어딘가 찾아보니 프랑스에 있는 몽생미셸 수도원이었다. 흐린 날씨에 주인공이 걷는 해변과 뒤편에 수도원이 인상적이었다. 얼마나 아름다운 감동으로 와 닿았던지 언젠가는 꼭 가보고 싶은 곳이었다.

그 나라에 대해서 좀 더 알려면 그 나라의 영화를 보라고 한다. 영화 속에는 시대적 배경이 되는 문화와 풍경, 생활과 관습이 다 녹아 있기 때문이다. 여행하면서 가까운 곳에 영화 배경지가 있으면 가능하면 찾았다. 그 나라 영화도 보려고 했다. 인도를 3개월 동안 일주하면서 세계에서 가장 많은 영화를 제작하는 인도 영화를 몇 편 보았다. 스토리는 단순했다. 노래와 춤이 유치하고 식상했지만, 영화를 보다 보면 기분이 좋아지는 묘한 매력이 있었다. 가성비가 높은 것이 영화 보기다.

'러브 스토리'(1970), '썬샤인'(1973)에 이어 '라스트 콘서트'(1976)는 남녀 간의 사랑과 죽음을 주제로 한 이야기를 영상으로 아름답게 표현했다. 세 영화의 공통점은 흐르는 음악이 애잔했고 멜로디가 오랫동안 기억에 남아 있다는 점이다. 여주인공들은 백혈병과 암에 걸려 하얀 얼굴로 죽음을 맞이한다. 아마 죽을 때까지 예쁘게 보이고 싶어 하는 여성의 마음을 잘 반영한 듯하다.

몽생미셸로 가기 위해 파리에서 고속기차 '테제베'를 탔다. 미끈하고 멋지게 생긴 기차가 최고 속도를 내면 300km가 넘는다고 한다. 실내는 흔들림이나 진동을 못 느꼈는데 창밖의 스쳐 지나가는 풍경은 빠르게 지나갔다. 기차역에서 내리니 지평선 너머 아스라이 보이는 한 점의 멋들어진 고성이 신비롭게 우뚝 서 있다. 걸어서 4시간 정도 둘러보는 코스다. 코인 라커에 4시간 맡기는 보관료를 아끼려고 30kg의 배낭을 메고 다니다가 어깨 빠지는 줄 알았다.

수도원은 12세기 고딕과 로마네스크 양식으로 지어졌으며 현재 거주 인구는 41명이다. 중세 시대로 들어가는 기분이 들었다. 바다의 조수간 만 차가 15m라고 하니 언뜻 바다 위에 뜬 섬처럼 보인다. 사랑하는 사람을 오랜만에 만나러 가는 것처럼 설렌다. 천사장 미카엘의 명을 받아 몽생미셸 수도원을 지은 신부님은 상상이나 했을까? 천년의 세월이 흐른 뒤 1979년 유네스코 세계문화유산으로 등재되었다는 사실을 알면 무엇이라 말할까? 프랑스에서 두 번째로 인기 좋은 곳이 되었고 매년 350만 명이 찾는다는 사실을 알면 무슨 말을 할지 궁금하다. 하늘과 바다가 물들어 가는 낙조를 바라보며 사랑하는 사람과 손잡고 해변을 걷고 싶었다.

유럽 배낭여행을 하는 동안 평일 5일은 저녁 식사 후 기차 시간표를 보고 아침에 도착하는 야간기차를 탔다. 유레일패스 1등석으로 3개월 동안 무제한으로 타는 것인데 컴파트먼트에 나 혼자 있을 때가 많았다. 쿠션 좋은 6인용 의자를 앞으로 빼면 방 하나가 되어 편하게 잤다. 아침이면 새로운 도시에 도착하게 되는데 이곳에서는 어떤 일이 있을지 기대하면서 잠자리에 들었다. 내 인생의 지도 위에 매일 새로운 도시가 추가되는 것이 즐겁고 신났다. 아침에 도착하면 코인 라커룸에 커다란 배낭을 넣어두고 그날 필요한 물품들을 작은 배낭에 넣는다. 하루 종일 여행 다니다가 저녁 식사 후 배낭을 찾아서 다시 야간열차를 타고 다른 나라로 자면서 이동하는 것이 보편적인 여행자의 일상이다. 토요일에는 유스호스텔이나 게스트하우스에서 밥을 해먹고 밀린 빨래를 하면서 쉬었다.

지중해의 휴양 도시에 빠지다

창밖에 보이는 바다 색깔이 햇살에 반사되어 보석처럼 반짝인다. 진한 에메랄드빛이다. 기차역에 내려 발을 내딛는 순간부터 가슴은 빠르게 요동친다. 한국과는 다른 바다 냄새에 코를 벌렁거려 본다. 1년 중 300일 햇살이 있다는 지중해의 태양은 강렬하다. 니스, 칸을 품은 코트다쥐르 지방은 프랑스뿐 아니라 유럽에서 대표적인 휴양지로 많은 사람들이 찾는다. 이곳에 반해 샤갈, 마티스를 비롯한 많은 예술인이 이곳을 사랑하며 여생을 보냈다고 한다.

칸은 프랑스 남동부에 있으며 국제적인 관광 도시다. 1815년 나폴레옹이 엘바 섬에서 탈출하여 상륙한 곳이다. 해마다 5월이면 전 세계 스타들이 모여드는 칸 영화제가 열리는 곳이기도 하다. 멋진 배우들과 세련된 슈퍼카들이 있어 영화를 보는 듯하다. 스크린 속에서만 보았던 좋아하는 배우들을 눈앞에서 만나면 감동 그 자체일 것이다.

니스와 칸은 30km 떨어져 있다. 일 년 내내 해수욕을 즐길 수 있는 온화한 기후와 아름다운 해변은 둥근자갈로 이루어져 한 폭의 풍경화처럼 펼쳐진다. 무엇보다 아름다운 것은 평화롭게 즐기는 사람들이 있기 때문이다. 해변에 있는 사람들은 자유로운 수영복으로 바다와 햇살과 하나가 되었다.

난 이미 태국의 여러 섬에서 경험했다. 다시 보는 인간적이면서 자연스러운 광경이 반가웠다. 동생들은 처음 보는 거의 반 누드 차림에 놀라더니 신기해하고 좋아했다. 어색함도 잠시 우리도 자리를 펴고 윗옷을 홀라당 벗고 자유인이 되었다.

프랑스 안에는 또 다른 나라가 있다. 유럽의 지상천국이라 불리는 모나코 왕국을 말한다. 바티칸 시국 다음으로 세계에서 두 번째로 작은 나라다. 세상에 살고 있는 이상 누구도 피해갈 수 없다는 세금이 없고 카지노로 유명하다. 유명한 영화배우 그레이스 켈리가 왕비로 있었던 나라로 잘 알려져 있다. 하얀 유니폼을 입은 근위병들의 교대식도 또 하나의 볼거리다. 헤라클레스가 지나갔다는 천혜의 요새가 있는 왕궁이 신화에 나오는 것처럼 아름다웠다. 진짜 헤라클레스가 지나가긴 갔을까?

1992년 우리나라는 아직 마이카 시대가 보편화되기 전이었다. 선착장에 크고 작은 요트들이 주차장에 차들이 주차된 것처럼 정박해 있는 것이 신기했다. 평생에 볼 요트를 다 본 것 같다. 이곳의 직장인은 일 년에 두 달 넘게 방학 같은 긴 휴가를 즐긴다고 한다. 여유로운 그들의 삶과 일상들이 부러웠다. 대한민국의 직장인의 휴가는 4박 5일이라고 하니 모두 깜짝 놀랐다.

우리는 왜 그렇게 바쁘게 일만 하면서 사는 것일까? 그렇다고 경제적으로 여유 있는 것도 아니다. 무엇을 어떻게 개선하면 우리나라 사람도 이들과 같이 여유로운 생활을 할 수 있을까 고민하게 한다. 자기가 하고 싶은 일을 하면서 살면 얼마나 행복할까? 당장 일하고 싶어도 일자리가 부족한 것이 안타까운 우리나라 현주소이다.

어렵게 태어나서 한번 사는 인생이다.
저들처럼 사람답게 여유 있게 살고 싶다.

축제란 이런 것이다

여행을 다니면서 보기 좋은 것 중의 하나가 특색 있는 축제다. 작고 아담한 마을이지만 개성이 잘 어우러진 축제들이 오랜 전통을 이어 활성화되고 있었다. 구성원들이 축제를 준비하는 모습에서 자부심과 즐거워하는 것을 느낄 수 있었다. 우리나라도 최근 갑자기 축제가 많이 생겼는데 여러 가지 아쉬움이 많다. 지역 특성을 잘 살려 제대로 된 축제를 했으면 좋겠다. 천편일률적인 먹거리와 비슷비슷한 야외행사들은 줄이고 특징 있는 축제 문화가 정착되길 바란다. 예술과 축제의 공통점은 개성이며 함께 즐기는 것으로 생각한다.

남프랑스는 넓은 평야 지대이며 교통의 중심지로 많은 사람에게 사랑받는 곳이다. 알퐁스 도데(1840~1897)의 『별』을 읽으면서 '프로방스'라는 지명이 낭만적인 느낌이 들었다. 프로방스 지방에는 마르세유, 엑상프로방스, 아비뇽, 아를이 있다. 그 밖에도 이름부터가 반짝반짝 빛나는 예쁜 소도시들이 많다. 곳곳에서 세월의 흔적을 고스란히 느낄수 있는 거리를 걷는 것이 좋았다.

아비뇽은 세계사를 좋아했기에 친숙한 이름이다. 시가지는 12~14세기에 건설된 성곽으로 둘러싸여 있고 로마 교황의 대성당과 궁전 등 역사적인 건축물이 많다. 세월의 흔적들이 고스란히 느껴졌다. 세계문화유산으로 지정된 만큼 보존 가치가 높고 아름답다. 1309년부터 1377년 7대에 걸쳐 교황이 로마에서 피신하여 이곳에 살았다. 중세의 느낌이 드는 거리를 걸으면 14세기 그리스도교의 중심지로서 번영을 누렸음을 느낄 수 있다.

대성당은 유럽에서 가장 큰 고딕 양식으로 지어져 웅장하고 위압감을 느낀다. 지금은 속 빈 껍데기를 보는 듯하며 세월의 무상함을 생각하게 한다. 론 강에 있는 다리는 끊어져 4개의 기둥만 남아있다. 아비뇽 다리를 노래한 민요가 유명하다. 파블로 피카소(1881~1973)의 유명한 작품 중 '아비뇽의 처녀'가 생각났다. 자연은 여전히 아름답다. 저녁 무렵 해지는 노을의 풍광이 운치 있다. 7월에 열리는 '아비뇽 페스티벌'은 프랑스에서 대표적인 축제인데 전 세계 문화 예술 축제로 사랑받는다. 축제에 참석하는 사람들의 표정들이 밝고 웃음이 가득하다. 길 양편으로 아름드리 플라타너스를 보니 유천역에서 내려 할아버지 집으로 가는 비포장길이 생각나서 반가웠다. 길거리 공연과 전시회를 둘러보며 여행자이지만 축제를 즐겼다.

빈센트 반 고흐(1853~1890)가 사랑한 '아를'은 조용했다. 아담한 마을은 많은 예술가들이 사랑해서 살기에 부족함이 없을 정도로 주위 환경이 평온하다. 이곳에 살면 예술작품이 창작될 것 같다.

아를의 원형경기장에 가보았다. 로마의 콜로세움보다 규모는 작지만, 아를에 잘 어울리게 지었다. 작은 로마라는 애칭이 맞는 것 같다. 로마는 이곳에서 얼마만큼 떨어져 있을까?

프랑스인이 제일 살기 좋다고 말하는 엑상프로방스에는 대표적 인상파 화가 폴 세잔(1840~1897)의 생가가 있다. 에밀 졸라(1840~1902)와는 어렸을 때부터 친한 친구였는데 에밀 졸라가 먼저 명성을 얻고 부터 사이가 멀어졌다. 나중에 후회하였다는 이야기가 가슴을 짠하게 했다. 그는 대기만성형으로 많은 활동을 하여 천여 점의 작품 중에 현재 유명미술관에 700여 점이 전시되고 있다고 한다. 그 당시 세잔의 이웃집에 살았던 사람들은 세잔의 그림을 직접 보고 어떤 생각을 했을지 궁금했다. 세계를 움직인 사과 3개가 있다고 한다. 아담과 하와의 사과, 뉴턴의 사과, 세잔의 사과다.

목사님 여동생 부부가 이곳에서 신학 공부를 하고 계신다. 한국에서 건장한 남자 3명이 주소를 보고 찾아갔다. 반갑게 맞이해 주시고 한국 음식을 요리해 주셔서 오랜만에 입과 배가 즐겁고 행복했다. 역시 한국 사람에게는 한국 음식이 최고의 보양식이다. 프랑스에서 한국 요리를 먹는 것이 감사하고 행복했다. 동생분이 임신 중이었다(몇 년의 세월이 흐른 후 교회를 방문했을 때 배 속의 아기는 소년이 되었다).

주일 예배를 프랑스 현지 교회에서 드렸다. 프랑스 목사님께서 불어로 설교를 하셨는데 무슨 말씀인지 알지는 못했지만, 분위기를 느낄 수 있었고 굴러가는 불어로 들으니 샹송을 듣는 듯 감미롭다. 뜻을 알았다면 더 은혜로웠을 것이다. 주일예배를 교회에서 드리는 것에 의미를 두었다. 성도와 교제 시간에 옆자리에 앉은 아가씨와 반갑게 '비쥬'를 했다. 볼과 볼을 대면서 하는 인사법인데 오른쪽 볼 한 번, 왼쪽 볼 한 번 닿을 듯 말 듯하게 하며 인사를 나눈다. 어색하면서 재미있어서 여러 사람들과 많이 하고 싶어졌다.

스페인

1992년 바르셀로나 올림픽과 엑스포

"하이, 니 하오."

"나는 중국사람 아닙니다."

"곤니찌와."

"나는 일본사람 아닙니다."

"그럼 어느 나라에서 왔습니까?"

"나는 한국 사람입니다."

"아, 세울 올림픽!"

하루에도 몇 번을 말하게 되는 똑같은 대화가 처음에는 재미있었으나 여러 번 반복하게 되니 시큰둥하게 대답하게 되었다. 눈썰미가 좋은 나도 외국인을 보고 한 번에 어느 나라 사람인지 잘 모르는 것과 같을 것 같아 이해한다. 만나는 사람 대부분은 한국 사람인 나를 처음 본다고 신기해하며 반가워했다. 내가 아프리카 우간다 사람을 처음 만났을 때 들었던 느낌과 비슷할 것이라는 생각이 들었다. 처음에는 그냥 한국 사람을 만난 것이 진심으로 반가운 줄로만 생각했었다.

'88 서울올림픽'이 없었다면 우리나라가 어디에 있는지 몰랐을 사람이 많았다. 나이 많은 사람들은 한국전쟁 이야기를 하며 가난한 나라에서 어떻게 여행을 다니냐고 묻곤 했다.

1992년 스페인 바르셀로나에서 제25회 올림픽이 7월 25일부터 8월 9일까지 열렸다. 황영조 선수가 올림픽의 꽃이라고 하는 마라톤에서 2시간 13분 23초로 결승점에 들어와서 금메달을 목에 걸었다. 바르셀로나 올림픽은 처음이자 마지막으로 순금으로 만든 금메달을 수여한 대회라고 한다. 1936년 베를린 올림픽에서 손기정 선수가 우승한 이후 56년 만에 이룬 쾌거였다. 몬주익 언덕에서 역전 마라톤 우승의 소식을 듣고 좋아서 소리 지르고 옆의 사람과 얼싸안고 뛰었다. 태양은 뜨겁게 쏟아져서 거리는 후끈 달아올랐다. 183개 올림픽 회원국 중에서 169개국이 참가하였다. 대한민국은 종합 성적 7위로 서울 올림픽 다음(종합 4위)으로 제일 좋은 성과를 내었다.

엑스포는 각 나라의 문화와 정보를 교환하는 축제의 장이며 인류 문명 발전을 촉진하는 계기가 되었다. 박람회 부스를 돌아다니면 처음 보는 신기한 것도 많았다. 종이에 스탬프 도장도 찍고 여러 가지 기념품을 많이 받았다. 거리공연도 재미있게 구경했다. 엑스포 기원은 2,500년 전 페르시아 시대에 개최된 '부(富)'의 전시'로 거슬러 올라간다. 1889년 파리 엑스포를 위해 건설된 에펠탑을 비롯해 1876년 필라델피아 박람회를 통해 소개된 벨의 전화, 1904년 세인트루이스 박람회에서는 미국의 자동차, 비행기 등이 대표적인 것이다. 머지않아 우주 엑스포도 개최될 것 같다.

스페인에서는 1시부터 4시까지 상점은 문을 닫고 낮잠 자는 시간을 가진다. 이것을 시에스타라고 한다. 처음에는 적응되지 않았고 재미있기도 하고 신기했었다. 그러나 여행하기 위해서는 한 시간도 아까운데 이곳에 사는 사람은 천하태평인 것 같다. 우리나라에서는 상상도 못 할 일이다.

'로마에 가면 로마법을 따르라'고 했다. 그렇다고 억지로 잠을 잘 수는 없는 노릇이다. 군대에서 한여름에 강제로 낮잠 시간을 주었던 기억이 나서 쓴웃음만 나왔다. 뜨거웠던 태양이 잠시 쉬는 밤이 되면 식는 기온과 달리 스페인 사람들의 정열은 이제부터 시동을 거는 것 같았다. 거리와 카페와 식당은 흥겨운 노래와 웃음소리로 가득하다. 보기만 해도 덩달아 유쾌해졌다. 밤새도록 시간을 보내니 시에스타가 필요할 만하다.

보면서 마음 아팠던 투우

절벽 낭떠러지에 매달린 것처럼 죽음의 그림자가 서서히 다가온다.
오늘은 내 생애 마지막 날.
친구가 온몸이 찢겨 상처투성이가 되어 죽은 채로 실려 들어온다.
이제 편하게 눈 감으시게나.
나도 곧 따라감세.

어둠의 통로를 지나니 갑자기 환한 빛으로 눈이 부시다.
원형 경기장으로 들어선다.
인간들의 환호성과 요란한 나팔 소리로 귀가 먹먹하다.
파란 하늘에 흰 구름은 평화롭게 떠다니고 햇살은 따사롭다.
죽기 딱 좋은 날이구나.

인간들은 쾌락을 즐기기 위해 오래전부터 노예들을 검투사로 만들어 소중한 생명을 담보로 서로 싸우게 했다.

마지막까지 살아남은 검투사에게만 자유를 주었다.

오늘 내가 싸울 상대는 인간이다.

어차피 승산 없는 싸움이고 결국에는 내가 죽을 것이다.

투우사는 저쪽에서 화려한 옷 위에 금박으로 치장하고 입고 나를 맞이한다.

빨간 천으로 나를 희롱한다.

흥분하여 뜨거워진 나의 등에 날카로운 창 두 개가 꽂혔다.

이것쯤이야.

투우사를 뿔로 들이박으니 공중으로 날아서 저쪽으로 나가떨어진다.

한 번 더 받아버리려고 달려가는데

말 탄 투우사 3명이 나를 에워싸고 방해를 한다.

이런 치사하게 반칙을….

숨을 고르는데 다른 투우사가 창으로 옆구리를 찌른다.

아프다.

인간들은 더욱더 미친 듯이 괴성을 지른다.

그렇게 좋은가?

피를 많이 흘려서인지 숨쉬기가 힘들다.

맥박은 빠르게 뛰고 숨소리는 조금씩 더 거칠어진다.

투우사는 현란한 몸짓을 하며 인간들을 흥분하게 한다.

날카로운 칼이 나의 급소를 찔렀다.

숨이 턱 막힌다.

이제 끝이다.

고통의 시간이 얼마 남지 않았다.

이제 그만 쉬고 싶다.

잠이 온다.

하늘에서 보고 싶은 아버지, 어머니의 얼굴이 보인다.

잔잔한 미소를 지으며 두 팔을 벌려 오라고 하신다.

힘이 빠진다.

서서히 눈이 감긴다.

눈에서는 눈물 한 방울이 또르륵 흘렀다.

플라멩코의 정열

여러 나라를 즐겁게 여행하다 보면 부러운 것이 많이 있다.

그중에서 다양한 거리공연과 벼룩시장과 야시장이 있다. 어느 곳에서든지 길거리에서 악기를 연주하고 노래하고 공연하는 것을 보았다. 이것이 영어단어로만 알고 있었던 'busk'였다. 거리에서 공연하는 것 자체가 익숙하지 않아서 신선한 충격이었다. 본인들도 즐기고 구경하는 사람들도 좋아한다. 악기 케이스에는 작은 단위의 지폐와 동전들이 있었다. 좋은 공연을 잘 들었다는 감사의 표시가 정겹게 느껴졌다. 나는 익숙하지 않아서 돈을 내는 것이 어색했다. 자연스럽게 돈을 내기 위해서는 얼마만큼 시간이 흘러야 할까? 수준급의 실력을 갖추고 자신의 노래를 알리기 위해서 하는 사람도 있지만, 본인이 좋아하고 노래가 좋아서 하는 사람도 많았다.

여행 오기 전에 대금을 몇 개월 배웠다. 대금으로 연주를 했더라면 그날 저녁 식사비는 벌었을 것 같다.

마드리드 거리에서도 절도 있는 음악에 맞추어 열정적으로 플라멩코를 추는 여인을 발견하고 끝날 때까지 구경하고 아낌없는 박수를 쳤다. 몸의 라인이 고스란히 드러나는 옷을 입고 추는 춤은 가히 매혹적이었다. 표정과 몸짓에서 음악에 맞추어 춤에 집중하고 있는 것이 느껴지고 뭔가 뜨거운 이야기를 하는 듯하여 묘한 매력에 빠졌다. 이곳의 날씨와 분위기가 잘 어울렸다.

플라멩코는 스페인 남부 안달루시아 지방의 민속 음악과 춤으로 이루어졌다. 방랑 생활을 하는 집시들의 춤으로 알려졌다. 저녁 식사를 하면서 공연을 감상할 수 있는 곳을 찾아갔다. 식당 안은 어두웠고 무대만 조명에 의해 밝았다. 생각보다 훨씬 강렬한 공연이었다. 기타와 타악기 반주에 맞추어 손에는 캐스터네츠를 치면서 격렬한 발놀림과 몸짓으로 관중들을 집중하게 하면서 사로잡았다. 시간이 지날수록 리듬은 빨라지고 춤은 더욱 격렬해졌다. 불꽃처럼 화려하게 타오르는 것 같았다. 빠르지만 가벼워 보이지는 않았다. 남자는 발놀림이 예사롭지 않았고 여자는 부드러우면서 관능적이었다. 춤추는 남자와 여자의 얼굴에 땀이 송골송골 맺히는 것을 보았다. 화려한 의상과 경쾌한 음악인데 뭔가 모를 슬픔이 전해진다. 떠도는 집시들의 생활을 표현한다는 것을 알아서 그렇게 느껴진 것 같다.

영혼의 절규와 솟구치는 정열과 더불어 애수를 느끼게 하는 선율이 인생의 희로애락을 표현하는 것 같았다. 떠도는 집시들의 굴곡진 삶을 말하는 것 같기도 했다. 나만의 생각인지도 모른다. 언젠가 남미에 가서 제대로 탱고와 플라멩코를 배우고 싶다.

알함브라 궁전의 추억

초등학생 때 텔레비전 정규방송 시작하기 전 채널 조정 시간에 흘러나오는 아름다운 선율이 좋았다. 기타줄이 떨리면서 나는 소리가 신비롭고 뭔지 모르게 슬프다는 생각을 했다. 중학생이 되어서야 그 곡이 '알함브라 궁전의 추억'(1896) 기타 연주곡임을 알았다. 우리나라 사람들은 단조를 좋아하는 것 같다. 단조에서 장조로 변환되는 것은 슬픔에서 희망을 느끼게 한다. 대학교에 입학하여 기타로 그 곡을 연주하고 싶어 클래식 기타 동아리방에 찾아가서 선배에게 조금 배웠다. 손가락 끝에 물집이 잡히

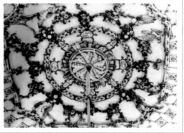

고 손목이 아팠다.

프란시스코 타레가(Francisco Tárrega, 1852~1909)는 19세기 후반 스페인을 대표하는 기타 작곡가다. 그라나다를 방문했을 때 알함브라 궁전을 보고 감동하여 작곡하였다고 한다. 애잔한 분위기와 낭만성 넘치는 멜로디로 알함브라 궁전의 정서를 가장 잘 표현한 음악으로 평가받는다. 낭만주의 음악의 꽃이라 인정받으며 가장 중요한 작품이 되었다.

스페인에 가면 꼭 가보고 싶은 곳 중의 한 곳이 알함브라 궁전이었다. 그곳에 가면 어렸을 때 그 추억을 회상하며 그때의 감정이 그대로 느껴질까 궁금했다. 스페인의 전형적인 날씨인 건조하며 뜨거운 햇살이 비추는 오후에 찾아갔다.

일곱 개의 언덕 위에 있는 그라나다는 메마른 땅 위에 신기한 무슨 일이 일어날 것만 같은 도시였다. 궁전의 첫인상은 지금까지 보았던 유럽의 왕궁과는 인테리어와 분위기가 많이 달랐다. 『신밧드의 모험』, 『알리바바와 40인의 도적』에서 보았던 멋진 모자와 콧수염을 기른 이슬람 사람들이 다닐 것 같았다.

내가 이곳에 있는 것이 참 좋다. 궁전과 정원을 조용히 걸으면서 그 선율을 떠올렸다. 이왕이면 신청곡으로 청해서 듣고 싶었다. '알함브라 궁전의 추억'의 기타 선율이 흐르는 것 같았다. 알함브라는 아랍어로 '붉은색'을 뜻한다. 햇볕에 잘 말린 벽돌의 색 때문에 이 이름을 붙였다고 한다. 많은 건축가들이 인류가 만든 가장 아름다운 예술 건축물로 동양에서는 타지마할, 서양에서는 알함브라 궁전을 꼽는다고 한다. 신기하게도 두 곳다 이슬람 건축물이다. 그들은 예술 감각이 뛰어난 것 같다. 스페인만의 독특한 정취를 잘 느끼고 왔다. 이 느낌은 책과 TV에서는 못 느끼는 것이다. 직접 가보아야만 알 수 있다. 그래서 여행이 좋다.

이슬람 문화에 대해 호기심이 생겼다. 지금까지 이슬람은 우리와는 먼 나라의 이야기였는데 여행을 하면서 지구촌에서 그들이 차지하고 있는 비중이 크다는 것을 경험했다. 귀국하면 도서관에서 참고서적과 예술작품들을 찾아봐야겠다.

이베리아 반도의 최남단

알헤시라스 기차역에 도착했다. 드디어 유럽의 제일 끝 이베리아 반도의 최남단에 왔다. 문득 자전거 타고 제주도 일주하면서 가본 우리나라 땅끝 마라도가 생각났다. 유럽 대륙의 땅끝 도시는 뭔가 분위기가 달랐다. 바다 건너편은 검은 대륙 아프리카다. 지도를 보니 모로코가 닿을 듯이 가깝다. 조오련 선수는 현해탄을 수영했는데 이곳도 갈 수 있을 것 같았다. 배 타고 탕헤르까지는 30분이면 도착한다. 아프리카에 갈까 말까 생각하고 고민했다. 문제는 유레일 패스 3개월 권을 사용하고 있는데 아프리카를 여행하면 그 기간 만큼 사용을 못 한다는 단점이 있다. 그래서 다음 기회로 미루었다. 그때는 아프리카 대륙만 여행하자며 나 자신에게 말했다. 최근 여러 매체를 통해서 아프리카를 보면 그때 가볼 것을 하는 아쉬운 생각이 들었다. 나중에 가야지 했던 세월이 많이 흘렀다.

예가 될 수 있을지 모르지만, 6·25 전쟁이 일어났을 때 북쪽에 사는 사람들은 잠시 피난 갔다가 돌아오리라 생각하고 가족을 두고 남쪽으로 내려온 사람들이 많다. 대부분은 이산가족이 되었고 지금까지 정든 고향에

못 가고 있다. 누가 그렇게 될 줄 알았겠는가? 순간의 선택이 10년을 좌우하는 것이 아니라 평생을 아쉬움으로 살아가는 경우가 많다.

두 가지 더 아쉬운 것이 있다. 첫 번째는 '산티아고 순례길'을 못 걸었다는 것이다. 1992년에 스페인을 여행할 때는 산티아고 길이 있는 줄 전혀 몰랐다. 가이드 북에도 없었고 만나는 사람들도 순례길에 대해 이야기하는 사람이 없었다. 그때 알았다면 순례길 처음 부분이나 마지막 구간만이라도 걸었을 것이다. 스페인은 마드리드, 바르셀로나, 세고비아, 그라나다, 알헤시라스를 여행했다.

다른 한 가지는 포르투갈은 몇 년 전부터 유행하고 있는 '에그 타르트'의 원조라고 한다. 수백 년을 이어왔다는 가게가 있다. 가이드 북에 없었는지 있었는데 못 본 것인지 기억에 없다. 이상한 일이다. 원조 에그 타르트는 어떤 맛일까?

여행 경험으로 안다. 유명한 장소에 있었거나, 가까운 곳에 있었어도 정보가 없으면 갈 수가 없다. 그래서 아는 만큼 보인다는 말을 나는 신뢰한다.

여행을 떠나기 하루 전까지 최선을 다해서 조금이라도 더 많은 정보를 수집한다. 여행 다녀와서 아쉬움과 후회가 조금 덜 하도록 하고 싶기 때문이다. 여행은 한 번 간 곳은 두 번 다시 가기 어려운 것을 경험으로 안다. 세상은 넓고 가볼 곳은 많기 때문이다.

여행과 인생은 어차피 아쉬움이 남는 길이다. 완벽하지 않기 때문에 어떻게 받아들이는가가 중요하다.

세련된 도시 아가씨의 느낌을 주었던 스페인의 마드리드보다 순박한 시골 처녀 같았던 포르투갈의 리스본이 왠지 정감이 느껴지고 마음이 편했다. 나의 정서에 맞는 것 같다.

언젠가는 그곳에 다시 갈 수 있을 것 같다는 생각이 든다.

그때는 산티아고 순례길을 며칠만이라도 걷고 싶다. 무엇이 많은 사람들로 하여금 그 길을 걷게 하는지 직접 느끼고 싶다. 최근 들어 주위에서 스페인 여행을 많이 간다. 에그 타르트 원조집에서도 맛나게 먹을 것이다. 한국에서 먹었던 맛과 비교를 해봐야겠다. 생각만으로도 내 가슴은 뛴다.

정열과 낭만을 나의 품에 가득 담았다

"인생 별것 있소? 사느냐 아니면 죽느냐지."

"이룰 수 없는 꿈을 꾸고, 이루어질 수 없는 사랑을 하고, 이길 수 없는 적과 싸움하고, 견딜 수 없는 고통을 견디며, 잡을 수 없는 저 하늘의 별을 잡자."

"누가 미친 거요?
장차 이룩할 수 있는 세상을 상상하는 내가 미친 거요?
아니면 세상을 있는 그대로만 보는 사람이 미친 거요?"

"불가능한 것을 손에 넣으려면 불가능한 것을 시도해야 한다."

"더 나은 세상을 꿈꾸어라."

세르반데스(1547~1616)의 『돈키호테』 명대사 중 일부를 적어보았다.

『돈키호테』는 인류 역사상 성경 다음으로 많이 번역된 책이다. 소설 이상의 작품으로 평가받는 책이다. 등장인물만 659명이며 총 1,700페이지가 넘는 방대한 분량이다. 17세기경 스페인의 라만차 마을에 사는 한 신사가 한창 유행하던 기사 이야기를 너무 탐독한 나머지 정신 이상을 일으켜 자기 스스로 돈키호테라고 이름을 붙인다. 그 마을에 사는 뚱보로서 머리는 약간 둔한 편이지만 수지타산에는 빠른 소작인 산초 판사를 시종으로 데리고 무사(武士) 수업을 하고 나아가 여러 가지 모험을 겪게 되는 좀 엉뚱한 이야기이다.

돈키호테의 동상을 보면서 한국에 돌아가면 꼭 완독해야겠다고 생각했다. 여담이지만 세르반데스와 윌리엄 셰익스피어(1564~1616)는 같은 해 사망했다.

스위스

내 마음에 별 하나가 생겼다

떠나지 않았다면 몰랐을 것이다. 세상에 이렇게 아름다운 곳이 있다는 사실을…. 그래서 나는 떠나는 것을 좋아한다. 떠나야만 새로운 곳을 볼 수 있기 때문이다. 어렸을 때 TV에서 '알프스 소녀 하이디'(1974) 52편 시리즈를 재미있게 보았다. 그림 같은 알프스에 가 보고 싶다는 생각을 했다. 만화처럼 저런 곳이 있을까 하는 궁금함도 있었다. 쏟아질 듯한 별도 보고 싶었다. 푸른 잔디밭이 펼쳐진 언덕에서 커다란 개와 뛰기도 하며 장난치면서 체온을 느끼고 싶었다. 매일 신선한 우유와 부드러운 빵과 치즈도 먹고 싶었다. 어릴 때부터 궁금한 것이 많고 하고 싶은 것이 많았던 것 같다. 어쩔 수 없는 성격이다.

사진에서 보았던 환상 속의 풍경이 눈앞에 펼쳐졌다.
'알프스야, 너는 기대 이상으로 너무 멋지고 아름답다.'
'세상에 이런 나라도 있구나!'

탄성이 저절로 나왔다.

사람이 살아가는 모습도 다르지만, 나라마다 자연환경이 천차만별인 것을 경험한다. 파란 하늘과 솜사탕 같은 뭉게구름 아래 푸른 초원에서는 소와 양들이 한가로이 풀을 뜯고 있다.

'너희들은 무슨 복으로 이곳에서 태어났니?'

알프스 산자락에 있는 유스호스텔에 체크인을 하고 빨리 보고 싶어서 나왔다. 거리와 집들이 그림처럼 예쁘다. 자연의 축복을 듬뿍 받은 나라가 부러웠다. 관광객이 많이 방문하는 관광지임에도 현지인들은 순박하고 친절했다. 좋은 환경에서 생활하니 얼굴과 마음이 여유로운 것 같다. 어느 곳을 향하여 카메라 셔터를 눌러도 작품 사진이 될 만큼 아름다웠다.

이 순간 내가 느낀 감정을 오랫동안 기억하고 싶다. 깨끗한 풍경을 보면서 내 마음도 덩달아 맑아지는 느낌이다. 세상에서 가장 행복한 사람의 얼굴이 된다. 나에게 주어진 삶을 비교하지 않고 나를 위한 삶을 살고 싶다. 다른 사람의 삶을 부러워하지 말자. 가끔 이랬더라면 어땠을까 하는 후회되는 일들이 떠오른다. 이제는 그런 생각을 하는 어리석은 사람이 되지 말자. 사람의 인생에 정답이 없듯이 비슷하면 재미없지 않은가?

칠흑 같은 밤하늘에 각기 다른 빛을 발하는 별들이 반짝인다. 수많은 별들이 같은 색이 아니었다. 별은 존재만으로도 가치가 있다. 헤아리다가 그만두었다. 별똥별 하나가 짧고 가느다란 선을 그으며 산 너머로 순식간에 사라졌다. 깜짝 놀랐다. 소원을 빌어야 한다는데 미처 생각하지 못했다. 그것이 중요한가 뭐. 항상 나는 소원의 기도를 한다. 낯선 장소에서 느끼는 이 고요함이 좋다. 문득 시간의 흐름을 내 눈으로 보고 있다는 생각이 들었다. 그 가운데 내가 있다는 것이 감사하다. 오랫동안 간직하고 싶어 눈을 크게 뜨고 마음을 열어 가득 담았다. 앞으로 내가 살아가는 동안 저렇게 많은 별들 중에 별 하나가 내 친구가 되어 언제나 내 곁에 있어 주면 좋겠다. 이 밤이 이대로 머물렀으면 좋겠다.

알퐁스 도데의 『별』에서 인상적이었던 문구를 떠올렸다.

"우리 주위의 수많은 별들은 유순한 양 떼처럼 소리 없는 운행을 계속하고 있었습니다. 나는 그 별들 가운데에서 가장 아름답고 빛나는 별 하나가 길을 잃고 내려와 내 어깨에 머리를 기댄 채 잠들어 있다고 생각했습니다."

내 마음에도 별 하나가 생겼다.

봄에 겨울을 경험하다

코끝을 꽃 바람이 간질이는 봄이 지나면 강렬한 태양이 내리쬐는 뜨거운 여름이 좋았다. 낙엽 타는 냄새와 괜히 분위기 잡는 가을이 지나면 매서운 칼바람이 불고 흰 눈이 소복이 내리는 추운 겨울 또한 좋았다. 젊어서 그런가 보다. 나이 들어도 그렇게 될지는 모르겠다. 아마 덥고 추운 것이 힘들지도 모른다. 철 따라 옷을 꺼내 입어야 하는 것을 귀찮게 생각할 것 같다. 지금 이 순간을 즐기자. 다시 돌아오지 않는 소중한 시간이기 때문이다. 가끔 아름다운 봄꽃을 보며 하얀 눈이 보고 싶을 때가 있다. 내가 원하는 대로 동시에 같이 볼 수 있는 곳은 없을까? 사계절의 시간적인 간격을 두지 않고 한꺼번에 볼 수 있으면 좋겠다는 생각을 했다.

여행하면서 스위스와 오스트리아에 걸쳐있는 알프스에서 만났다. 알프스의 '융프라우'는 처녀라는 뜻이다. 아랫동네에는 따뜻한 햇볕을 받으며 '나 예쁘지?' 하며 뽐내는 다양한 꽃들이 활짝 피어 있다. 이름을 알면 좋겠지만, 굳이 알려고 하지 않았다. 꽃은 보는 것만으로도 기분 좋게 하기 때문이다. 고개를 들면 가깝게 보이는 아름다운 만년설은 1년 내내 녹지 않고 '여기는 겨울이야. 어서 와~' 하고 손짓한다.

반가워서 미소가 절로 났다. 그림 같은 알프스 3대 미봉은 몽블랑, 마터호른, 융프라우다.

자전거를 빌려 탔다. 걷는 것도 좋아하지만, 자전거 타고 내 힘으로 페달을 밟아 바람을 가르며 달리는 것을 좋아한다. 머리카락이 귀 뒤편으로 날리는 속도감을 즐긴다. 자전거 타기 딱 좋은 날씨와 환경이다. 두 팔 벌려 알프스에서 불어오는 신선한 공기를 입을 벌려 가슴 가득 채운다. 장기간의 여행으로 피곤했던 몸의 피로가 풀리는 듯하며 새로운 맑은 에너지가 내 몸속으로 가득 들어오는 느낌이다. 얼굴에는 미소가 저절로 피어나고 있는 것이 느껴진다. 맑고 잔잔한 호수 가장자리에 우뚝 솟아 있는 고성 또한 주변 풍경과 잘 어울리고 멋지다. 이름 모를 물새들의 날갯짓 소리가 들린다. 평화로운 풍광이 마음을 편하게 한다. 눈이 즐거우니 마음도 한결 밝아진다. 여행을 떠나기 전까지는 행복은 멀게만 느껴졌지만, 오늘은 내 마음속에 가득하다.

앙증맞게 생긴 빨간 산악 기차를 타고 천천히 알프스를 오른다. 파란 하늘과 푸른 초원이 눈을 맑게 한다. 3층 목조 주택 창가마다 이름 모를 꽃들이 활짝 피었다. 이곳의 집들은 주변의 자연과 잘 어울리게 지었다.

유럽에서 가장 높은 곳에 있는 기차역(3,454m)에 도착했다. 이렇게 높은 곳까지 기차가 오른다는 것이 신기했다. 세계 각국에서 많은 관광객들이 온 듯하다. 여기저기에서 탄성 소리가 들린다. 온 세상이 하얀 눈꽃 세상이다. 눈이 정말 하얀색이다. 거대한 눈의 흐름이 소리 없이 묵직하게 흐르는 강을 보는 것 같다.

'아, 눈도 많으면 흐르는구나.'

불과 몇십 분 전에는 아름다운 꽃들이 만발한 봄이었는데 이곳은 눈 덮인 겨울이다. 그런데 춥지 않다. 우리나라보다 위도가 낮아서 그렇다고 한다. 반팔을 입은 사람도 많이 보인다. 햇살에 반사되어 눈이 부시다. 선글라스를 잘 가지고 왔다. 눈이 시원하다.

내려올 때는 알프스를 몸으로 느끼고 싶어 기차를 타지 않고 천천히 걸었다. 많은 벌과 나비들이 고산지대에 피어 있는 야생화와 어울려 춤추며 생기발랄하다. 알프스 하면 에델바이스인데 어떻게 생겼는지 기억이 나지 않아 찾지 못했다. 네 잎 클로버는 찾았다.

난 오늘 하이디 친구가 되었다.

이탈리아

시간이 멈춘 도시여

햇살이 아침부터 눈부시다. 로마의 햇살은 한국에서 느끼는 햇살과는 다른 것 같다. 여행이 주는 느낌 때문일까?

영화 '로마의 휴일'(1953)과 '티파니에서 아침을'(1961)에서 보았던 장면들이 스크린이 아닌 눈앞에 펼쳐진다.

'여기는 어느 영화의 어떤 장면에서 나왔었지. 이곳은 어느 책에서 배경으로 나온 곳인데… 맞아, 맞아. 똑같네….'

저쪽 베란다 창문에서는 오드리 햅번이 기타 치면서 'moon river'를 부르는 것 같다. 유명한 연예인을 보는 느낌이 이와 비슷할 것 같다. 이탈리아와 관련된 책과 영화를 많이 보았기 때문인지 첫 만남임에도 어릴 적 친구를 보는 것처럼 서먹하지 않고 반갑다. 여행은 아는 만큼 보인다는 말을 믿는다. 여행을 준비하면서 방문할 나라 가운데 사전 지식이 많은 나라가 이탈리아였다.

로마가 있는 곳은 유럽 중남부에 있는 이탈리아 공화국이다.

이탈리아는 지중해를 향해 뻗어 있는 장화 모양의 반도와 시칠리아 섬, 사르데냐 섬과 많은 작은 섬들로 이루어져 있다. 북쪽으로 프랑스, 스위스, 오스트리아 등과 이웃하고 있다. 동쪽으로는 아드리아 해를 사이에 두고 발칸 반도와 남쪽으로는 지중해를 사이에 두고 북아프리카와 마주 보고 있다. 여러 나라를 여행하면서 많은 이탈리아 사람을 만났다. 반도 국가의 지정학적 영향 때문인지 우리나라 국민성과 많은 부분이 비슷했다. 무리 지어 몰려다니고 시끄러운 것이 눈에 거슬리지만, 특유의 친화력과 밝은 성격은 보기 좋았다.

유럽 여행할 때 이탈리아를 먼저 보면 다른 나라에서의 감흥이 반감된다. 마지막에 로마를 여행하라는 조언이 그냥 하는 말이 아니다. 그만큼 볼거리가 너무 많아서 살고 싶을 정도로 매력이 철철 넘친다. 이곳에 유학을 와서 가이드하면서 사는 사람도 많다고 한다. 소문난 잔칫집에 먹을 것이 없다는 옛말은 다 맞지 않다. 진짜 멋진 곳이 너무 많아서 다른 곳으로 발걸음을 돌리기가 망설여진다. 그러나 구경할 곳이 너무 많아서 한 곳에 매료되어 정신을 놓을 수만은 없었다. 단 열흘만이라도 이곳에 머물고 싶다는 생각이 들었다. 유명 관광지마다 세계 각국에서 온 많은 관광객들과 현지인들로 가득하고 붐볐다. 이탈리아의 소매치기는 악명이 높다. 어린아이라고 쉽게 생각해서는 큰코 다친다. 아이들이 접근하면 아이들의 손이 어디에 있나 신경을 써야 하는 것도 피곤할 일이었다. 물 좋고 정자 좋은 곳이 없다더니 그럼에도 기대하는 마음을 싣고 다른 곳을 향하여 발걸음을 바쁘게 옮기게 된다. 도시 규모와 남아 있는 유적들을 볼 때 로마는 중세 시대 때 세계 중심 도시였음을 실감한다. 사람들이 많은 곳은 항상 시끄럽고 복잡하여 하루 종일 다니니 다리도 아프고 머리도 아팠다. 많이 보겠다는 조급함을 내려놓고 느리게 천천히 걸어가면서 보기로 마음을 바꾸었다. 어차피 다 못 보니까 하나라도 잘 보고 싶다는 생각을 했다. 가끔은 멈추어 서서 주변을 오랫동안 바라보기도 한다. 영화 속 주인공이 되어보기도 한다.

로마 하면 여러 가지 많은 수식어를 떠올리게 한다. 많은 유적을 경험하게 되는 나라. 훌륭한 조상 덕에 후손들이 관광수입으로 많은 유익을 얻는 나라. 여성들이 이탈리아 남성에게 프러포즈를 받지 못한다면 본인의 얼굴에 대해서 심각하게 고민해야 하는 나라. 왜냐하면, 이탈리아 남성들은 여성들이 듣기 좋은 달콤한 말을 잘하기 때문이다. 기차와 광장 어디서든지 소매치기가 많아 항상 가방을 조심해야 하는 악명 높은 나라. 언제나 웃고 즐기는 낙천적이고 쾌활한 성격의 국민성으로 미워하다가 때로 웃게 하는 나라.

스파게티, 피자, 아이스크림으로 입을 즐겁게 하는 나라. '대부'에서 알 파치노를 떠올리게 하는 마피아의 본고장인 나라. 아, 볼 곳이 너무 많아서 지도만 보아도 배부르다. 이곳에 사는 사람들이 부러워진다. 시간이 멈춘 도시 로마여!

10억 명이 넘는 가톨릭 신도라면 꼭 한 번은 이곳에 와 보고 싶어 하는 성지 순례의 메카 바티칸에 왔다. 경복궁 크기라고 하는 데 중요한 것은 크기에 상관 없다.

TV에서 이곳 광장을 가득 메운 사람들이 크리스마스 미사를 하는 장면을 보았기 때문에 이곳 또한 눈에 익다. 바티칸 시티는 가톨릭의 역사와 문화가 살아있으며 지구촌 나라 중에 가장 작은 국가다. 이탈리아 수도 로마 북서부에 있는 나라로 존재하는 가톨릭 교황국이다. 19세기 이탈리아가 근대 통일 국가로 바뀌면서 교황청 직속의 교황령을 상실하게 되

었다. 1929년 라테란(Laterano) 협정을 통해 이탈리아로부터 교황청 주변
지역에 대한 주권을 이양받아 안도라, 산마리노와 함께 세계 최소의 독립
국이 되었다. 로마 교황청이 다스리는 국가로 면적은 0.44 제곱킬로미터,
인구는 1,000명이 안 된다.

세계적인 유물과 명화가 많은 바티칸 박물관과 성 베드로 성당을 보기 위해 아침부터 햇살 샤워하면서 2시간을 기다린 끝에 들어갈 수 있었다. '최후의 심판', '천지창조', '아테네 학당' 등 유명한 명화들에 감탄했다. 그림에 대해서 좀 더 많은 지식이 있었으면 하나하나 자세히 볼 것인데 하는 아쉬움이 있다. 귀국하면 그림공부를 하고 싶다. 한정된 시간에 대충이라도 다 보고 싶어서 부지런히 다녀 4시간 넘게 걸렸다. 다 보고 난 뒤의 소감은 역시 대단하고 훌륭하다. "진짜 그림에서 아우라가 빛나?" 하고 친구가 물었다. 아우라는 모르겠고 내 가슴은 벅찼다고 대답했다.

물 위의 도시 산타루치아

'멀쩡한 살을 칼로 베어 가는 대신 피를 흘리지 말라니…'

셰익스피어의 『베니스의 상인』을 읽으면서 솔로몬 같은 예리한 지혜에 감탄했었다. 『베니스의 상인』에서는 착한 사람과 나쁜 사람이 누구인지 확실하게 알 수 있다. 하지만 어떤 행동에 따른 선과 악을 누가 정할 수 있을까? 나는 옳고 너는 잘못이라고 누가 판단을 내릴 수 있는지 생각하게 했다.

유럽 배낭여행에서 3개월짜리 유레일 패스의 선택은 탁월했다. 유럽 대

류 동서남북을 종횡무진할 수 있
다. 횟수에 제한이 없는 것이 최
대의 장점이다. 시간표를 참고하
여 가는 곳에 시간을 맞추어 기
차를 타기만 하면 된다. 숙박비는
절약하고 시간은 벌기 위해 일주
일에 5번 야간기차를 이용했다.
눈을 뜨면 다른 나라, 다른 도시
였다. 기차 양쪽으로 바다가 보이
는 철길을 달리는 것은 탄성을 내
기에 충분하다.

　나에겐 베네치아보다 영어인 베
니스가 더 익숙하다. 소설과 영화의 배경이 되는 도시를 여행하게 되면
뭔가 특별한 느낌이 든다. 베네치아 만에 흩어져 있는 118개의 섬에는 약
400개의 다리로 이어져 있다. 섬과 섬 사이의 수로가 중요한 교통로가 되
어 독특한 시가지를 이루고 있다. '물의 도시'라고 부른다. 신호등은 보이
지 않았다.

　동남아시아를 여행하면서도 수상가옥들을 많이 보았다. 마을을 이루
고 있었는데 첫 느낌은 가난함과 불편함이었다. 베네치아는 물 위에 오래
된 석조 건물들을 나무로 지탱하고 있었는데 규모가 제법 크다. 무거운
석조건물들을 오랫동안 잘 지탱하고 있을지 은근 걱정되었다. 물속에 있
는 나무는 잘 썩지 않는 나무로 한다고 한다. 그런데 왜 굳이 넓은 땅을
두고 물 위에 집을 지었을까? 무슨 사연이 있을 것 같다. 사람처럼 도시에
도 사연이 있다. 물 위의 도시를 걸어서 여기저기 구경하는 것이 색다르

고 낭만적이고 아름답다. 매일 보는 하늘과 태양이지만 여행지에서는 뭔가 느낌이 다르다.

산 마르코 대성당과 광장은 다른 도시의 중앙 광장에 비해서 넓고 바다가 바로 보여 이색적이다. 많아도 너무 많은 비둘기들이 날아가면서 투하하는 새똥들이 나에게 떨어지지 않을까 신경을 쓰면서 걸어야 했다. 덕분에 하늘을 간간이 쳐다보게 되었다. 인도에서 걸을 때는 거리에 가득한 소똥을 피해서 걷는 데 이곳에서는 하늘만 보고 걸을 수 없다.

베네치아에 곤돌라가 없었다면 낭만은 절반으로 줄어들었을 것 같다. 곤돌라를 타고 학창 시절에 즐겨 불렀던 '산타루치아'를 사공과 같이 불렀다. 곤돌라 사공을 뽑을 때는 잘 생기고 노래 잘 부르는 사람을 뽑는 것 같다.

무라노 섬은 유리 공예로 전 세계적으로 유명하다. 지금까지 보았던 단순하고 밋밋한 유리가 아니었다. 유리 공예는 환상적으로 화려한 색감과 조형미를 자랑하는 예술로 승화되었다. 처음 보는 유리 공예들이 신기하고 아름다워 한참을 보게 한다. 수려한 굴절의 미가 유리의 특성을 잘 표현했다. 깨질 것 같은 유리로 어떻게 저런 작품을 만들 수 있는지 볼수록 감탄하게 한다. 장인들의 재주는 오묘하고 뛰어나다. 고온인데도 깨지지 않는 것과 만드는 방법도 신기했다. 입으로 직접 불어 보았다. 빙글빙글 돌리다가 제대로 된 모형을 만들지 못하고 쓰러진다. 장인은 하루아침에 되는 것이 아니다. 이곳에서 만든 유리 공예는 일상생활에서는 사용 못할 것 같다. 컵이라도 다 같은 컵이 아니었다.

독일

동화 속에 나오는 아름다운 성

어렸을 때 동화책을 읽으면서 책에 나오는 아름다운 성들이 진짜 있을까 궁금했다. 상상 속의 성들이 아닐까 생각했다. 우리나라에는 없기 때문이다. 그런데 내가 못 본 거라고 세상에 없는 것이 아니었다. 진짜 있었다. 독일에는 아름다운 로맨틱 가도가 있다. 뷔르츠부르크와 퓌센을 연결하는 도로로 350㎞이다. 로마 시대에 로마인들이 만들었다고 해서 이름이 지어졌다.

달리다 보면 동화 같은 도시와 호수들이 연달아 보인다. 고풍스러운 집들과 성들이 멋스럽고 아름다웠다. 이렇게 아름다운 나라에 살면서 왜 세계대전을 일으켰는지 이해가 되지 않았다. 낭만적인 로맨틱 가도는 퓌센에서 끝난다. 퓌센에 온 이유는 동화 속의 성을 보기 위해서다.

노이슈반슈타인 성은 엽서, 퍼즐, 광고에 많이 등장하여 이미 유명한 성이다. 특히 유명한 디즈니랜드의 '잠자는 숲 속의 미녀'에 등장하는 성의 모델까지 된 덕분에 한눈에 알아볼 수 있다. 티롤 산이 왼쪽으로 보이면서 노이슈반슈타인 성의 모습이 푸른 숲 속에서 빛을 발한다. 이름 그대로 백조 같이 아름답다. 멀리서 보니 탄성이 절로 나왔다. 산을 오르면서 보이는 성은 더욱더 장관이었다. 특히 여자들이 환호성을 지르면서 좋아했다. 화려한 방들과 안에 장식된 그림과 벽화들에 감탄하게 한다. 디즈니랜드 성의 모델이 되었다고 하는 환상적인 성이다.

깊은 골짜기에는 그림 같은 에메랄드 호수가 있다. 호수 건너편에 있는 '호엔슈반가우 성'도 역시 기품이 느껴지고 아름답다. 1880년 루트비히 2세가 지은 성인데 이 성을 완성하기 위해서 상당히 많은 재산과 시간을 쏟았다. 성을 완공하기 위해 17년이라는 시간을 들였다고 한다. 결국, 이 성으로 인해 파멸했다. 왜 왕들은 큰 건축물을 짓는데 정열과 많은 돈을 쏟아 붓는 것일까? 후대에 업적을 남기기 위한 욕심 때문이리라. 그는 빌헬름 바그너의 열렬한 후원자였다. 바그너의 오페라 중에서 '백조의 전설'에서 영감을 얻어 성의 이름을 지었고, 그 결과 많은 이들에게 '백조의 성'이라 불리고 있다.

3층에는 바그너가 연주한 피아노가 있었다. 오래되어 보이면서 기품이 느껴지는 피아노에서는 어떤 소리가 날지 궁금했다.

고성을 유스호스텔로 개조한 곳에서 하룻밤을 머물면서 마음이 설레었다. 그날 밤은 동화 속의 잘 생기고 늠름한 왕자가 되어 백마를 타고 마녀와 악당에 의해 갇혀있는 아름다운 공주를 구하러 간다. 멋있는 성에서 공주와 행복하게 잘 사는 꿈을 꾸었다.

디즈니랜드는 1955년 만화영화 제작자 월트 디즈니가 로스앤젤레스 교외에 세운 대규모 테마파크다. 어른들도 이곳에 오면 동심으로 돌아가서 즐기게 된다. 개장 이후 총 입장자 수는 2억 명을 넘어섰으며 연간 입장하는 사람이 1,000만 명을 넘고 그중 70%가 어른이라고 한다. 파리 근교에 있는 디즈니랜드에 갔었다. 하루 종일의 시간이 어떻게 지나갔는지 모를 만큼 재미있게 보냈던 기억이 난다.

배우고 생각하는 즐거움

여행은 새로운 사실을 경험함으로써 성숙하게 한다. 틀림이 아니라 다른 것을 이해하고 받아들이는 마음이 넓어진다. 피부색, 언어, 문화의 다양성을 인정하며 동시대를 살아가는 다른 나라 사람들을 만나는 것은 특별한 기쁨이다. 세계여행 루트를 계획하면서 꼭 가보고 싶은 도시 중의 한 곳이 하이델베르크였다. 그곳은 청춘들의 고뇌의 삶이 있는 도시이다.

역시 오기를 잘했다는 생각이 들었다. 유럽에서 가장 오래된 대학이 있었다. 자연과 역사와 문화가 잘 조화된 곳이다. 언덕 위에 지금은 폐허가 된 고성에서 인생의 무상함을 생각했다. 기독교인이기 때문에 종교개혁을 부르짖던 마틴 루터가 가톨릭의 교황청과 봉건 영주의 박해를 피해서 살았던 곳이 의미 있게 와 닿았다. 나치가 시작된 곳이라고 하니 역사의 아이러니다.

학창 시절에 TV에서 '하버드 대학의 공부벌레들'(1973)을 즐겨보면서 대학생활에 대한 동경이 있었다. 시골출신 주인공 하트를 중심으로 대학 생활 중에 일어난 여러 가지 일들을 이야기했다. 열심히 공부하는 모습이 보기 좋았다. 열정적으로 토론하고 고민하고 낭만과 꿈이 넘치는 이상적인 대학 생활이 부러웠고 인상 깊었다. 정작 나의 대학생활은 그렇지 못했다. 카리스마 넘치는 킹스필드 교수의 독특한 표정으로 "벨 군"이라 부르

면 안절부절 못해서 거우 대답하는 벨의 안쓰러운 표정에서 연민의 정이
느껴졌다.

영화 '황태자의 첫사랑'(1954년)도 생각난다. 하이델베르크를 배경으로
한 영화여서 특별하게 기억에 남는다. 영화 '로마의 휴일'과 같이 왕족을
사랑하지만 이룰 수 없는 가슴 아련한 러브스토리가 흥미로웠다. 유명한
OST 'Drink Drink Drink'가 거리에 있는 호프집에서 흥겹게 들리는 것
같았다. 거리와 대학을 걸으면서 콧노래로 불렀다. 거리를 걷다 보면 곳곳
에 중세시대의 옛 정취를 고스란히 느낄 수 있었다. 거리에 많은 건물들
의 건축양식이 르네상스식으로 고풍스럽다.

우리나라에 쌍둥이같이 닮은 아파트와는 달라서 보기 좋다. 도시 속에
고성이 주는 느낌은 웅장하면서도 유적지와 같이 고즈넉하다. 세월의 흔
적이 고스란히 배어 있었다.

하이델베르크 남쪽 막스 베버 하우스 바로 뒤 해발 200m쯤에 '철학자
의 길'이 있다. 이 길은 베버를 비롯해 괴테, 헤겔, 라를 야스퍼스 등 많은
문인들과 철학자와 사상가들이 산책했다고 한다. 홀로 사색에 잠기거나
지인들과 여러 주제를 가지고 토론하며 정신적 교류를 나누었던 길이다.
햇살이 따사롭게 비추는 오후에 철학자 길 2km를 천천히 걸었다. 유명한
철학자와 사색가들이 이 길을 걸었다고 생각하니 가슴이 떨린다. 만약 내
가 이곳에 태어났다면 그들이 걸은 길을 걸으면서 많은 생각을 했을 것
같다. 어쩌면 나도 철학자나 시인이 되었을 것이다. 숲길을 걷는 것을 좋
아하기에 이곳을 걷는 것 자체만으로 감동이었다. 아마도 이곳에 산다면
매일 찾았을 것이다. 이 길이 마음에 든다. 언덕에 오르니 네카어 강을 사
이에 두고 아름다운 하이델베르크 전체가 한눈에 들어온다.

동화마을은 미소 짓게 한다

타우버 강 옆으로 중세의 모습이 그대로 보존된 조그마한 마을이 있다. 중세의 보석이라 칭송받는 로텐부르크에 왔다. 고딕 양식과 르네상스 양식이 복합적으로 섞여 있는 동화 같은 풍광에 반하지 않을 수 없었다. 닫힌 문에서 누군가가 중세시대에 입었던 옷을 입고 나올 것만 같다. 거리는 마차가 어울릴 것 같다. 영화 세트장 같기도 하고 놀이동산에 온 듯하다. 덩달아 마음이 순수해진다.

인구 15만 명의 작은 도시지만, 관광객은 연간 100만 명이 넘게 방문하는 곳이다. 아름다운 건물들과 같은 것 하나 없는 예술적인 간판들이 귀엽고 예쁘다. 우리나라의 건축가들과 간판 만드는 사람들이 이곳에 와서 보고 느꼈으면 좋겠다는 생각이 든다. 보고 경험하는 것이 중요하다.

여행하다 보니 우리나라가 객관적으로 보인다. 이상한 나라의 앨리스 같은 대한민국을 한 번씩 생각한다. 애국가의 '하느님이 보우하사 우리나라 만세'를 부를 때마다 다른 나라에도 이런 구절이 있을까 찾아보고 싶었다.

유럽의 도시들은 시청을 비롯한 관공서 건물도 고풍스럽고 예술적이다. 그곳에서 일하는 사람은 중세시대에 입었던 옷과 헤어스타일을 유니폼으로 하면 좋겠다는 엉뚱한 상상을 한다. 13~16세기에 지어진 시청사에는 높이 60m의 종탑이 멋지다. 도시와 잘 어울린다. 종탑에 올라가면 전망이 좋을 것 같다. 성 야콥 교회에는 틸만 리멘슈나이더의 나무 조각 작품인 '최후의 만찬'이 있다. 부르크 문과 마르크스 탑도 볼만했다. 독일에 멋진 고성들이 많은 이유가 뭘까? 마을이 눈부시게 아름답고 예쁘다. 자전거를 타고 로맨틱 가도의 고성을 둘러보고 싶다. 어느 곳은 유스호스텔로 사용한다.

독일 하면 고등학교 때 배웠던 독일어와 차를 좋아해서 무제한 속도로 달릴 수 있는 고속도로 아우토반과 벤츠가 생각나고 작가 전혜린이 생각난다.

여건이 허락되면 이곳에서 유학하고 싶다는 생각이 들었다. 독일은 학비를 거의 내지 않기 때문에 생활비는 아르바이트로 지낼 수 있을 것 같다. 자전거 타고 다니며 공부하고 토론하고 사랑하며 살고 싶다.

동생들과 함께한 유럽 여행

여행하는 동안 부모님께 한 달에 한 번씩 편지지 3~4장의 장문의 소식을 드렸다. 지인들에게는 사진 엽서를 보내며 여행지에서 겪은 소식을 알려주었다. 마지막 글에는 다음 여행지 중앙 우체국의 주소를 적고 언제 도착하니 이곳으로 편지를 보내면 내가 받아볼 수 있다고 했다. 대도시에 도착하면 제일 먼저 중앙 우체국을 찾아가서 사서함을 확인했다. 그때마다 지인들에게서 온 편지를 받는 것이 큰 기쁨이고 행복이었다. 그렇게 안부를 주고 받았다.

뮌헨은 중부 유럽의 관문이며 BMW 본사가 있고 현대와 고전이 어우러진 도시다. 1992년 7월 10일 12시에 중앙 우체국에 도착하니 교회 후배 종하 군이 활짝 웃으며 나를 반긴다. 1시간 후 보고 싶었던 동생 원우도 도착하여 서로 반가운 만남의 기쁨을 나누었다. 동생들은 여름방학을 이용하여 서유럽 배낭여행을 하다가 오늘 만나서 앞으로 열흘 동안 함께 다니기로 했다. 한국을 떠나 홀로 여행하는 나에게 동생들과 함께한 유럽 여행은 색다른 즐거움을 주었다.

건장한 경상도 사나이 3명이 함께 다니니 마음 든든했다. 여행자들에게 소매치기로 악명 높은 이탈리아로 가는 밤 기차에서 번갈아 가면서 불침번을 섰다. 유명 관광지에서 집시와 소매치기들도 우리의 배낭과 주머니는 털어가지 못했다. 화장실 갈 때도 한 명은 배낭을 지켰기 때문이다. 로마에서는 영화의 한 장면처럼 피자와 아이스크림을 맛나게 먹었다. 잔디 위에서 꿀 같은 낮잠을 자고 나서 먹었던 통닭의 맛을 잊을 수 없다. 한 방에서 같이 잠을 자며 밥과 찌개를 요리해서 배부르게 잘 먹으며 다녔다. 새로운 도시를 여행하는 즐거움은 동생들과 함께라서 배가 되었다. 아무런 사고 없이 즐거운 날들이었다. 사진을 볼 때마다 그때 일들이 떠올라 얼굴 가득 미소 짓게 된다.

종하 군은 경북대학교 후배이며 교회 대학부에서 형, 동생 하며 지내는 사이인데 몇 년 후 여동생과 결혼했다. 제수씨 역시 교회 고등부 때부터

오빠, 동생 하면서 친하게 지내는 사이였는데 몇 년 후 남동생과 결혼하여 나를 아주버니라고 부른다. 생판 모르는 사람보다는 교회에서 만나 친하게 지내는 사이여서 서로에 대해서 알고 이해하므로 편안한 가족이 되었다. 무엇보다 같이 신앙 생활하는 것이 좋다.

언젠가 어머니 모시고 함께 유럽 여행을 하고 싶다. 그때 다녀온 곳에서 예전의 사진을 보면 어떤 기분이 들지 궁금하다.

1992년도 대한민국은 종합주가지수 500이 무너졌다. 서태지와 아이들이 새로운 장르의 음악인 '난 알아요'로 폭발적인 인기를 얻고 있었다. 실리 외교로 한국전쟁의 원흉인 중국과 외교가 수립되어 대만의 반발이 심했다. 10월 18일에는 시한부 종말론으로 온 나라가 떠들썩했다. 그때는 인터넷이 없던 시절이라 오랜만에 한국 소식을 들으니 반가웠다. 그렇게 1992년은 다사다난하게 많은 일들이 일어나며 서서히 역사의 뒤안길로 사라지고 있었다.

오스트리아

아름다운 샘 쉰브룬 궁전

음악을 좋아하는 사람은 한 번은 음악의 도시 빈에 꼭 가보고 싶어 할 것이다. 왜냐하면, 그곳에는 음악의 신동 모차르트 생가가 있고 해마다 국제적인 대규모의 음악축제가 열리기 때문이다. 그리고 아름다운 쉰브룬 궁전이 있다. 나 역시 이곳에 오기 전부터 설렘과 기대가 가득했다.

쉰브룬은 '아름다운 샘'이란 뜻이다. 궁전 색이 겨자색 비슷한 진한 노란색인 것이 인상적이었다. 빈은 17세기 유럽의 반을 지배한 합스부르크 제국의 수도이며 예술의 중심지였다. 이곳을 여름 궁전으로 사용했다고 한다. 궁전 내부를 관람하면서 중세 시대는 유럽의 중심이 오스트리아 빈이었다는 것을 알 수가 있었다. 왕들의 호화로운 생활을 볼 수가 있었다. 실내는 촬영 금지였다. 방들 중 프랑스가 빈을 점령했을 때 나폴레옹이 침실로 쓰던 방도 있고, 모차르트가 6세 때 마리아 테레지아 앞에서 연주하고 마리 앙투아네트에게 구혼한 방도 있었다. 세계문화유산으로 선정되었다. 프랑스 베르사유 궁전을 모델로 건축했다고 하더니 모양과 분위기가 비슷하다. 이 궁전은 마리아 테레지아와 그녀의 딸 마리 앙투아네트가 지내던 곳이라고 한다. 1,441개의 방이 있다고 하는데 상상이 되지 않는다. 청소하고 관리하는데 얼마나 많은 인원과 시간이 필요할까? 방 전부를 보려면 시간이 얼마나 걸릴까? 지금은 45개만 공개하였다.

유럽은 나라마다 아름다운 정원이 있다. 가정집이나 왕궁이나 크기에 차이가 있을 뿐 부러운 것 중의 하나다. 많은 사람들이 꽃을 사랑한다는 것이 느껴졌다. 꽃과 음악을 사랑하는 사람 중에 나쁜 사람이 있을까? 쉰브룬 궁전의 정원은 매우 넓었다. 어쩜 저렇게 아름다운 꽃들과 멋진 나무들이 많고 건물과 조화롭게 잘 꾸몄을까? 생활에 여유가 있어서일까?

여행자는 꽃향기에 취해 걷는다. 이곳은 봄, 여름, 가을, 겨울 언제든지 와도 다 좋을 듯하다. 많은 사람이 잔디밭에서 여유롭게 휴식을 취하고 있는 모습들이 평화로워 보인다. 우리나라에서는 '잔디를 보호합시다.'라는 표지판 때문에 함부로 들어가지 못한다. 왜 잔디가 사람보다 우선이 되어야 하는지 이해가 되지 않았다. 잔디는 잘 밟아주어야 튼튼하게 뿌리를 내리고 옆으로 잘 번진다고 한다.

언덕 위에 글로리에테가 보인다. '작은 영광'이라는 뜻이다.

11개의 도리아식 기둥이 신전을 닮았다. 저기까지 올라갈 것인가, 말 것인가 망설였다. 이왕 여기까지 왔으니 언제 다시 오겠냐 싶어서 걸어 올라갔다. 숨이 조금 가빴지만, 언덕 위에 서니 비엔나 시내가 한눈에 잘 보였다. 역시 올라오기를 잘했다. 할까 말까 망설일 때는 하는 것이 좋았던 적이 더 많았다. 하늘은 파랗고 높았으며 내려올 때는 시원한 바람이 불어서 기분 좋게 걸어 내려왔다.

역사의 한 페이지를 떠올렸다. 오스트리아 합스부르크 황태자가 세르비아 청년에게 암살당한 후 제1차 세계 대전이 일어났다. 이때를 시작으로 제2차 세계 대전까지 발생했다.

음악의 신동 모차르트

마음을 차분하게 하는 감미로운 선율에 취한다.

모차르트 음악은 임산부들이 가장 많이 듣는 태교 음악이라고 한다. 거리를 걷다 보면 익숙한 아리아가 귀를 즐겁게 한다. 일상생활을 하면서 음악과 함께하면 좋겠다.

볼프강 아마데우스 모차르트(1756~1791)가 출생한 잘츠부르크에 왔다. 영화 '아마데우스'의 피아노 연주 장면과 멜로디들이 떠오른다. 모차르트의 특이한 웃음소리와 표정도 기억났다. 모차르트는 5살에 피아노 연주를 하여 음악의 신동으로 불린다. 겨자색 건물의 3층에서 태어났다고 한다. 오스트리아 사람은 노란색을 좋아하는 것 같다. 그를 기념하여 1920년부터 '잘츠부르크 음악제'가 해마다 여름철에 개최된다.

잘츠부르크 시내는 세계적인 음악가 모차르트와 관련된 것이 많이 있다. 많은 레스토랑과 카페, 심지어는 초콜릿까지 모차르트 얼굴이 있다. 경제적인 효과가 엄청날 것 같다. 1890년 처음 만들어진 모차르트 쿠겔른 초콜릿은 100년 넘게 잘츠부르크의 명물이 됐다. 포장지에 모차르트의 초상화가 있다. 기념품과 선물로 주면 모두 좋아할 것 같다.

영화 '사운드 오브 뮤직'(1965)의 배경으로 잘 알려진 미라벨 정원은 실제로 보니 훨씬 더 넓고 아름다웠다. 이곳에서 노래하던 장면이 생각났다.

바로크 건축 양식의 아름다움을 잘 보여주는 잘츠부르크 대성당과 잘츠
부르크 성도 볼만했다. 옛스러운 고성을 볼 때마다 중세 시대를 떠올리게
한다. 그때 기사가 되려면 체격도 크고 힘이 좋아야 할 것 같다. 지금 유
럽사람들은 대부분 나보다 작았다.

간판들이 작으면서 개성이 뚜렷하고 예뻐서 거리를 걸을 때마다 감탄했
다. 우리나라의 획일적인 사각형 간판과는 너무 비교된다. 우리나라도 저
렇게 만들면 가게마다 개성이 있어서 훨씬 멋지고 거리가 밝아질텐데 하
는 아쉬움이 들었다.

잘츠부르크는 유럽의 한가운데 있어 '유럽의 심장'이라 부른다. 도시는 고
풍스러운 예술과 낭만의 중심지였다. 중세 시대에 지은 건축물과 아름다
운 자연의 모습을 잘 간직하고 있었다. 제2차 세계대전 동안 많이 파괴되
었지만, 바로크식의 건물들이 많이 보존되어 있어 '북쪽의 로마'라고 불린
다. 오스트리아는 아름다운 알프스의 영향 때문인지 예술가들이 많이 태
어났다. 오늘날까지 세계 각국의 많은 사람에게 예술로써 기쁨을 주는 나
라다. 개인적으로 오스트리아가 스위스보다 정감이 더 느껴져서 마음에
든다. 유럽 도시 특징 중의 하나가 세월이 흘러도 변함이 별로 없다는 것이
다. 아마 30년 후에 와도 모든 것이 그대로 있을 것 같다. 사람들이 변화를
좋아하지 않는 것 같다. 속도감과 변화는 우리나라가 최고인 것 같다.

세계 전쟁의 전범으로 많은 사람에게 슬픔과 분노를 주었던 아돌프 히틀
러도 오스트리아에서 태어났다. 역사의 아이러니다. 그럼 세계대전을 일으
킨 나라는 독일이 아니라 오스트리아가 되는 건가? 히틀러가 이곳에서 태
어났다는 게 알려지지 않은 것이 오스트리아에게는 다행일 수도 있겠다.

네덜란드

풍차와 물레방아의 차이가 뭘까?

풍차가 반갑게 두 팔을 크게 흔드는 것 같았다. 처음 만났지만, 오래전부터 사진으로 보았기에 낯설지 않다. 어릴 때 바람개비를 만들어 달리던 기억이 난다. 바람 불면 더욱더 신이 나서 달렸다. 무지개 끝까지 달려갈 마음이었다. 풍차를 향해 돌진한 라만차의 기사 돈키호테도 생각났다.

잔세스칸스는 네덜란드의 전형적인 풍차 마을로 유명한 곳이다. 17~18세기에 걸쳐 만들어진 그림 동화책 속에서 보았던 목조 가옥들과 크고 작은 풍차들이 이색적이다. 영화에서 보았던 네덜란드의 목가적 전원 풍경이 고스란히 눈앞에 펼쳐졌다. 풍차가 많았을 때는 700여 개가 있었지만, 현재 10여 개만 남아 방문객들을 반긴다.

마을 분위기가 에버랜드에 온 것 같다. 다른 점은 이곳에 사람이 살고 있었고 놀이기구가 없다는 것이다. 1414년 물의 위협을 피해 배수하기 위해 최초로 풍차를 만들었다고 한다.

방파제 구멍을 손으로 막아 마을을 구한 '한스 이야기'가 떠올랐다. 풍차의 또 다른 중요한 용도는 물레방아와 비슷하게 곡물을 빻는 것이다. 이곳에서도 사랑하는 연인의 뜨거운 러브스토리가 있었을 것 같다.

'신이 자연을 창조했다면 네덜란드는 네덜란드인이 창조한 것이다.'
베네룩스 삼국의 하나로 작지만 강한 나라 네덜란드의 자연극복을 잘 표현한 말이다. 네덜란드 어의 Neder(낮은) Land(땅)로 국토의 40%가 해수면보다 낮다.

어릴 적에 읽었던 『플란다스의 개』의 그림을 좋아하는 주인공 네로와 파트라슈가 떠올랐다. 마지막에 그토록 보고 싶어하는 명화를 보면서 죽는 장면에서 울었다. 동화가 감동적이었는지 나는 일기에서 파트라슈와 대화하고 있었다. 그 그림이 어떤 그림일까 궁금했었는데 미술관에서 볼 수 있었다.

자전거를 보면 반갑다. 인구보다 많은 자전거를 보유한 네덜란드. 전 국토가 평지로 되어 있어서 자전거 타는 사람들의 천국이라고도 불린다. 자전거 전용도로도 아주 잘 되어 안전해 보인다. 자전거와의 인연은 오래되었다. 초등학생 때 학교 운동장에서 친구들과 저녁 늦게까지 자전거 시합을 많이 했었다. 고등학생 때는 자전거를 타고 통학했다. 1985년 군 입대를 앞두고 10월 한 달 동안 자전거를 타고 전국 일주를 했다. 한계령을 힘겹게 올라가서 내려올 때의 상쾌함과 벅찬 감동을 잊을 수 없다. 힘들게 오른 만큼 반대편에는 내리막길이 있다는 것을 체험했다. 오르기는 시간이 오래 걸려도 내려오는 것은 한순간이었다. 인생에서 소중한 경험을 몸으로 한 것이다. 1989년 죽마고우와 역시 자전거 타고 한 달 동안 아름다운 제주도와 남해안을 일주했었다.

홀랜드라고 불리는 네덜란드는 가깝게는 대한민국 최초 월드컵 4강에 큰 역할을 한 히딩크 감독이 있고 멀게는 『하멜 표류기』의 하멜을 떠올린다.

반 고흐와 하이네켄

우리나라 사람은 유독 빈센트 반 고흐(1853~1890)를 좋아하는 것 같다. 이유가 뭘까? 불꽃처럼 살다 간 짧은 그의 생애가 아쉬운 것도 하나의 이유가 될 것 같다. 유명한 사람이 일찍 죽는 이유가 무엇일까? 어쩌면 단명을 하여 유명해진 것인지도 모르겠다. 암스테르담에 가면 꼭 봐야 할 곳으로 세계 최대의 고흐 컬렉션을 자랑한다. 고흐의 유화 작품 200여 점과 소묘 작품 500여 점이 있다. 작품 활동을 지원했던 동생 테오와 주고받은 몇백 통의 편지와 고흐 개인의 소장품도 컬렉션에 포함된다. 여러 매체를 통해서 보던 작품들을 눈앞에서 보는 것은 신선한 감동으로 다가온다. 미술책에서 보는 느낌과는 확연히 달랐다. 누구는 작품에 아우라가 보인다고 하지만 난 그 정도까지는 아니었다. 나는 어두운 그림보다는 램브란트의 밝은 그림을 좋아한다. 초등학생 때 미술 과외를 받았다. 재능은 없었는지 몇 개월을 배우다가 그만두었다. 가끔 여행할 때 가볍게 그림을 그리고 싶다.

주당들은 술이 달다고 하는데 나는 술이 달지 않고 쓰기만 하다. 술 취한 사람의 주정과 냄새를 싫어한다. 그러나 세계 4위 맥주 수출국이며 3

대 맥주 브랜드인 하이네켄의 본고장인 네덜란드에 와서 굳이 외면할 필요는 없다. 시음회 시간에 맞추어 하이네켄 공장 견학을 했다. 호기심은 조금 있었지만, 주목적은 주린 배를 채우고자 하는 생각이 더 컸다.

하이네켄 가이드는 자체 발명한 효모에 대해서 강조했다. 친절한 설명을 잘 듣고 시음회 방에서 "치얼스"를 외치며 참석자 모두 맥주를 즐겼다. 일행은 한국에서 마시던 맥주보다 훨씬 맛있다며 싱글벙글 여러 잔을 비우더니 취기가 오르는지 얼굴이 벌겋게 되었다. 난 갈증에 시원한 음료수 대용으로 마셨다. 자극적이지 않았고 목 넘김이 부드러웠다. 아마 맛있다면 몇 병을 더 마시지 않았을까 생각한다. 가끔 나의 주량이 어느 정도인가 궁금하다. 취할 정도로 마셔보지 않았다. 중학생 때 흰 수염이 멋진 팝가수 케니 로저스(1938~)의 맥주 광고에 맥주 색깔이 황금색이어서 맛이 달콤한 줄 알고 마셨다가 쓴맛에 실망했다. 맥주병 색깔은 변질을 막기 위해 짙은 갈색이었다. 기존의 맥주병의 고정관념을 깨고 맑고 청량해 보이는 초록색 병이 신선하다. 같이간 일행 중 한 사람은 맥주병 뚜껑을 수집하는 취미가 있다면서 몇 개를 챙겼다. 나도 수십 종류를 모으는 취미를 가지고 있다. 술을 좋아했으면 챙겼을 것이다.

저 푸른 초원 위에는 양 떼들이 평화롭게 풀을 뜯고 있었다. 우리나라에서는 염소는 보았지만, 양은 보지 못했기에 신기하고 귀여웠다. 양은 동물 중에서 제일 순하고 예민하다고 한다. 목동의 인도와 보살핌이 있어야 한다. 낙농업이 발달한 나라인 것이 실감 났다. 우유와 치즈가 유명할 텐데 먹어보지는 못했다.

해수면이 낮고 비가 자주 내리는 지역에는 땅이 질게 마련이다. 이곳에서 생활하기 위해서는 나막신이 필수품이다. 신고 다니기에는 많이 불편했을 것 같다. 지금은 나막신을 신고 다니지 않는다고 한다. 네덜란드의 예쁜 특산품이 되어 사랑받고 있다. 지역 특산품이 특별하지 않다. 악조건에서도 절망하지 않고 적응한 노력이 튤립처럼 아름답다.

암스테르담은 베네치아 못지않게 운하가 많이 있어 '물의 도시'라고 부른다. 도심에는 공식적인 매춘이 합법화되어 성인용품 가게들이 많았는데 부끄럽기도 하고 호기심이 생겼다. 쭈뼛하며 들어가서 진열된 것들을 보면서 동공이 확대되고 가슴이 벌렁거렸다. 이 나라 사람들은 아무렇지도 않은 듯하다. 성 개방이 이런 것이구나. 만약 우리나라에 있다면? 우리나라에 생긴다면 저항이 심할 것이다. 그러나 언젠가는 생기겠지.

노르웨이

북유럽의 백야를 경험하다

새로운 지식을 배우는 것은 여행처럼 즐겁게 하면서 자극적인 것이 좋다. 살아가면서 많은 지식보다 현명한 지혜가 있으면 더 좋겠다. 눈에 보이는 것이 다가 아니다. 여러 매체를 통해서 알게 된 일들이 진실이 아닌 경우도 많다. 의도적으로 만들어지는 거짓 뉴스에 속아 잘못된 판단을 하기도 한다. 경험자들은 현장에 정보와 답이 있다고 한다. 여행을 통해서 부정확하거나 혹은 잘못된 정보들을 수정해 간다. 그 가운데서 무서운 해적으로만 알고 있었던 바이킹도 그렇다. 노르웨이 사람들은 선조들의 도전 정신과 개척 정신에 대해 자부심이 컸고 전통을 이어가는 축제도 한다.

바이킹박물관에는 8세기부터 300년간 유럽에서 북미로 가는 북해의 해로를 따라 항해한 바이킹 선박이 전시되어 있었다. 피오르 바다에 가라앉은 것을 1904년 인양해 복원한 것이다. 9세기경에 만들어진 것으로 추정되는데 지금 보아도 규모와 튼튼함이 놀랍다. 그 당시 바다를 장악하여 유럽을 충분히 주름잡았을 것 같았다.

우리나라에는 신라 장군 장보고가 있다. 장군은 9세기 서남 해안에 있는 해적들을 평정하고 당나라와 일본을 상대로 국제무역을 주도했다. 우리 역사서보다 중국과 일본 역사서에 더 상세히 소개된 국제적인 인물이다. 해상왕이라고 불렸다.

북유럽은 스칸디나비아 반도에 있는 노르웨이, 핀란드, 스웨덴과 덴마크, 아이슬란드를 포함한 5개국을 가리킨다. 울창한 침엽수림의 숲과 맑은 호수 등 대자연의 아름다움은 북유럽의 신비로운 분위기를 만들어 방문한 사람 모두를 감동하게 한다. 북유럽 하면 자연스럽게 백야, 오로라, 피오르를 떠올리게 된다.

피오르(fjord)란 빙하기 이후 해수면이 상승하면서 빙하의 침식으로 만들어진 U자나 V자 형태의 좁고 긴 모양의 협곡을 말한다. 수십만 년 동안 쌓인 수천 km 두께의 빙하가 떨어지면서 만들어 놓은 협곡을 보았을 때 무엇이라 말할 수 없는 자연에 경외감이 느껴졌다. 구불구불하게 이어진 204km의 피오르를 일직선으로 펼치면 지구 반 바퀴를 돌 수 있을 만큼의 길이가 된다고 한다. 수심은 1,300m이며 주변에 일직선으로 솟아오른 절벽과 산들의 높이는 2,000m에 달한다. 1,947m인 한라산도 가뿐하게 들어가는 바다 깊이다. 그곳에는 얼마나 많은 해양 생물들이 살고 있을까? 해안에서 내륙으로 들어가는 피오르 여행을 노르웨이 여행의 백미라고 해도 손색이 없다.

북유럽에 여름에 와서 백야(白夜)를 경험하는 것은 당연하다. 백야란 말 그대로 '하얀 밤'이라는 뜻으로 밤 11시가 넘어 한밤중인데 오후 같다. 보통 북위 60.5도 이상 지역에서 백야 현상이 나타나는데 하루 종일 걸어

다녀 잠을 자야 하는데 밖은 환하여 잠자리에 들기가 그랬다. 두꺼운 커튼으로 창문의 빛을 가린 뒤에 잠자리에 들었다.

뭉크 미술관(Munch Museum)은 노르웨이에서 가장 유명한 화가인 에드바르 뭉크(1863~1944)를 볼 수 있는 곳이다. 뭉크 탄생 100주년을 기념해 건립한 이곳은 1,100여 점에 달하는 뭉크의 작품 외 가족의 작품들이 전시되어 있다. 부유한 집안에서 태어났지만, 일찍 어머니와 누이를 잃었다고 한다. 정신 이상자 아버지 밑에서 성장한 뭉크는 항상 죽음에 대해 생각했다고 한다. 그의 어두운 내면은 캔버스에 고스란히 드러나 있는데 대표작인 '절규', '병든 아이', '죽음의 방'을 보면 자연스럽게 그의 심리상태를 느낄 수 있다.

사람이 밝고 건강하게 잘 살기 위해서는 환경이 중요하다. 특히 자라는 성장기에서는 더욱 그렇다는 것을 새삼 느꼈다. '절규'라는 작품을 처음 보았는데 머리를 감싸고 있는 사람을 보자마자 절규하는 것 같다고 여행 친구에게 말했는데 제목이 '절규'였다.

북부 최대의 항구도시 나르빅은 우리나라 항구와는 다르게 깨끗했다. 고등학생 때 친구 집이 죽변이었다. 방학 때면 며칠 동안 머물렀다. 그물을 말리기 위해서 방파제에 많이 있었는데 그 냄새가 비릿하면서 고약했다. 그 친구는 대구에 있으면 이 냄새가 그립다고 했다. 나도 그 냄새가 가끔 그리웠다. 냄새는 추억을 떠올리게 한다. 이곳은 날씨가 추워서인지 그런 냄새는 나지 않았다.

스웨덴

환하게 웃는 내 얼굴

"높은 산, 깊은 골 적막한 산하 눈 덮인 전선을 우리는 간다."

군 복무 중 매일 아침 상의를 탈의하고 군 영내를 구보하면서 군가를 힘차게 불렀다. 군가를 부르면 마음에는 비장함이 가득했고 결연한 의지로 전선으로 가야 할 것만 같았다. 대학 2학년 때 최전방 철책선을 근무하는 부대로 병영을 갔었다. 군사 분계선은 휴전협정 때문에 휴전선으로부터 남·북으로 각각 2km가 비무장지대로 설정되어 있다. 넓고 푸른 평야에 흐르는 평화로운 풍광에 감탄했다.

'야, 멋지다. 우리나라에도 이런 곳이 있었구나.'

낯선 고요함이 좋았다. 분단국가라는 현실을 대구에서는 몰랐는데 막상 철책선을 경계로 북녘의 땅을 보니 실감이 났다. 북한은 정말 가까이 있었다. 보이는 데 갈 수 없다는 사실이 안타까웠다. 깊고 푸른 밤에 철책 근무를 할 때면 노루와 멧돼지 소리가 들렸다. 저 짐승들은 저곳으로 갈 수 있겠지. 밤하늘은 칠흑같이 진하고 깊었다. 경계 근무를 서는 중 갑자기 배가 아파 하늘에 초롱초롱 밝게 빛나는 별들을 보면서 볼일을 보았다.

북유럽에 높은 산과 깊은 골을 보면 휴전선의 풍경이 떠올랐다. 높은 산이고 깊은 계곡인데 이곳에서는 분단국가의 슬픈 느낌이 들지 않았다. 또한, 아시아에 본 높은 산과도 느낌이 달랐다. 유럽에서 네 번째로 국토가 넓은 스웨덴은 세계 최고의 복지국가로 손꼽힌다. 삶의 만족 지수가 높은 탓인지 거리를 걷는 사람들의 표정도 여유로워 보였다.

도심을 조금 벗어나면 광활한 대지와 끝없이 이어지는 원시림의 태고적 모습을 그대로 간직하고 있다. 밤에는 나뭇잎 떨어지는 소리도 들릴 만큼 고요했다. 적막한 바람 한 줌이 나의 마음을 휘젓고 지나간다. 다시는 오지 않을 시간이다. 지금 이 순간도 다시 오지 않음을 알기에 마음을 모은다.

스톡홀름은 '북유럽의 베네치아'라 불리고 '작은 섬'이라는 뜻으로 14개 섬으로 이루어진 물 위의 도시이다.

노벨 시상식은 매년 12월 10일에 열린다.

여행하면서 알게 된 사실 중 하나는 웃는 내 얼굴이 보기 좋다는 것이다. 여행자들이 이야기해 주어서 알게 되었다. 처음에는 그냥 듣기 좋으라고 하는 소리인 줄 알았다. 내가 태어나고 자란 대구에서는 한 번도 들어보지 못했기 때문이다. 많은 사람들이 백만 불짜리 미소라고 엄지 척을 했다. 여행을 떠나지 않았다면 몰랐을 나에 대한 새로운 사실이다.

여러 사람에게 듣다 보니 이제는 그런가 보다 한다. 내가 생각하는 나와 다른 사람이 생각하는 나가 다를 때가 있다. 어느 것이 정확할까? 많은 사람이 이구동성으로 말하면 그것이 나의 주관적인 생각보다 더 바른 나의 실체인 것 같다.

방콕에서 필름을 인화해 보니 많은 사진 속에는 세상에서 가장 행복한 얼굴을 하고 있다. 혼자 있어도 여행자들과 같이 있어도 자신감 있고 표정이 밝다. 그 이유는 인정을 받기 때문인 것 같다. 잘하지 못하는 영어를 잘한다고 말해주며 잘 들어주고 천천히 알아듣기 쉽게 이야기했다. 칭찬을 많이 받았다. 외국인들의 성격은 내가 좋아하는 성격이었다. 이런 사람들과 어울려 외국에서 살고 싶다는 생각을 했다. 나는 주위 사람들의 소소한 변화에 관심을 가지고 칭찬하기를 즐긴다. 내가 모르는 나에 대해 알고 싶어서 나는 여행을 좋아한다. 어렸을 때 '웃으면 복이 와요'라는 TV 프로그램을 즐겨 보았다. 가끔 '웃으며 살게 해 주세요'라고 기도한다.

핀란드

산타 할아버지를 추억하며

어렸을 때 성탄절 며칠 전부터 설렘과 기대감이 가득했다. 산타할아버지께서 이번 크리스마스 선물은 어떤 것을 주실까 궁금했다. 성탄절 아침이면 어김없이 머리맡에 선물 꾸러미가 있었다. 그 속에는 여러 종류의 과자와 귤과 바나나가 있었다. 특히 귤은 손으로 껍질을 까는 것이 신기했고 오묘한 맛이 났다. 바나나의 노란색도 특이했다. 생긴 것이 길쭉하게 생겼는데 단맛이 나는 것이 놀라웠다. 사과와 배와는 달리 육질이 부드러웠다. 며칠 동안 아껴 먹으면서 즐거웠던 추억이 있다. 성탄절은 아기 예수님의 탄생보다 산타 할아버지 선물이 더 기다려지고 반갑고 친근한 존재였다.

산타클로스 할아버지가 있다는 마을에 왔다. 이곳 우체국에는 전 세계 어린이들이 보내온 편지들로 가득하다. 편지가 도착하면 나라별로 분류되어 각 지역 산타클로스에게 전해진다. 산타클로스는 어린이들이 보낸

편지에 일일이 답장을 해주는데, 이를 위해 12개국 언어를 할 줄 하는 비서들이 돕고 있다.

　판란드는 내가 좋아하고 즐기는 사우나의 원조이며 호수의 나라다. 북유럽은 날씨가 춥고 햇볕을 적게 쬐는 탓인지 사람들의 피부가 백옥같이 하얗다. 특히 금발의 늘씬한 아가씨들의 맑은 피부는 거리를 밝게 했다. 지금까지 다녀본 나라 중 여자들이 아름다우면 남자들은 별로였다. 공평하다고 해야 하나 부럽다고 해야 하나?

　국토의 72%가 침엽수림으로 되어 있어 공기가 유럽 다른 나라에 비해 상쾌하고 깨끗했다. 하늘 높이 쭉 뻗은 나무들을 보면 나무를 팔아도 엄청난 돈이 되겠다는 생각이 들었다. 헬싱키의 웬만한 명소들은 가까운 곳에 있어서 선선한 날씨에 햇살 샤워를 하며 걸어 다녔다.

　영화 '남과 여'(1966)를 인상 깊게 보았다. 눈 덮인 헬싱키에서 만나 뜨거운 끌림에 빠져드는 남자와 여자의 사랑 이야기다. 주제곡이 특이하고 여주인공의 매력적인 눈과 짧은 헤어스타일이 인상적이었다.

　헬싱키에서 크루즈를 처음 탔다. 이렇게 높고 넓은 큰 배가 바다 위에 떠 있다는 자체가 신기했다. 많은 사람들이 타고 기차와 버스와 승용차도 실리는 것이 놀라웠다. 배 이름이 '실자라인'이다. 분명 영어인데 이름에서 정겨운 이웃집 누나 같은 친근감이 들었다. 7만 톤으로 2,000여 개의 객실에 2,800명이 탈 수 있다고 한다. 갑판 위에서 바다 위로 떨어지는 태양을 보았다. 바다가 붉게 타면서 내 마음도 빨갛게 물들었다. 넓고 깊은 바다를 가만히 보니 무섭다는 생각이 들었다. 혹시 내가 잘못하여 바다에 떨어져도 아무도 모르고 배는 그냥 갈 것이다. 배 안에 면세점은 공항과는 달리 규모가 작았고 물건도 많이 없었다. 둘러 보고 사지는 않았다. 면

세에 대한 개념이 크지 않았다. 슈퍼마켓에서 커다란 소시지와 콜라 캔 묶음과 과자를 사서 여행 동료들과 같이 먹으며 밤을 보냈다. 있었으면 좋았을 멋진 로맨스는 없이 보냈다.

덴마크

인어공주에게 눈물 흘리게 하지 마라

인어공주의 수난은 언제까지 계속될 것인가?

오늘 신문에 동물보호 운동가들로부터 페인트 세례를 당한 인어공주 동상을 빗자루로 닦아내는 사진이 실렸다. 그들의 주장은 '덴마크는 페로 제도의 고래를 보호하라'였는데 인어공주와 무슨 상관이 있다고 그러는지 모르겠다. 인어공주 동상은 그동안 여러 번 머리와 팔이 떨어져 나가거나 완전히 파괴되어 바다로 던져지는 등 많은 수난을 겪었고 계속 복원됐다. 이제 그녀를 그만 괴롭혀라. 그녀의 밝고 환하게 웃는 모습을 보고 싶다. 그날도 날씨가 흐렸다.

"반쯤 흐릿해진 눈으로 왕자를 한 번 더 바라본 인어공주는 마침내 바다로 몸을 던졌고 몸이 거품으로 변하는 것을 느꼈다."

서정적인 정서와 따스한 휴머니즘이 담긴 수많은 동화를 남긴 안데르센의 대표작인 인어공주는 1837년에 발표되었다. 인어공주는 결과를 알

면서도 마음 가는 데로 할 수밖에 없는 뜨거운 사랑을 했다. 열정적인 사랑을 갈망하는 여인들은 인어공주와 같은 선택을 할 것이라고 말했다. 80cm의 작은 인어상은 해마다 수백만 명의 관광객을 말없이 잔잔한 미소로 반겨준다. 관광객 대부분은 어렸을 때 인어공주를 읽은 감동을 품고 이곳으로 찾아온다.

지금은 작은 나라 덴마크이지만 역사를 보면 유럽 전체 역사의 중심국가로 존재해 왔다. 덴마크는 9~10세기경 스칸디나비아 반도는 물론 영국, 프랑스, 지중해까지 영향력이 있었다고 한다. 현재 덴마크 사람들은 스스로 세계에서 가장 행복하다고 했다. 특히 코펜하겐은 세계에서 가장 살기 좋은 도시라고 자랑스러워했다. 솔직히 많이 부러웠고 이곳에 살면서 과연 그 말이 사실인지 확인하고 싶었다. 사는 것이 즐겁고 행복하면 얼마나 좋을까 경험하고 싶다.

거리를 걷다 보면 동화책 속에 나오는 한 장면 같은 아름다움을 느끼게 된다. 어느 곳은 고색창연함이 가득하다. 한 폭의 기분 좋은 풍경화를 보는 것 같았다. 예술 작품 속에 내가 일부분이 되어 걷고 있다. 금발을 곱게 땋은 귀여운 여자아이들이 아이스크림을 먹는 모습을 보니 삼촌 미소가 절로 난다.

칼스버그는 황금 빛깔인데 흰 거품을 보면 마시고 싶다는 생각이 든다. 풍부하고 부드러운 거품과 깊고 감미롭고 독특한 맛으로 목 넘김이 시원하다. 그러나 솔직히 내 입맛으로는 하이네켄과 구별을 못 하겠다. 진짜 구분하는 사람에게 무엇이 다른 맛인지 물어보고 싶다. 150여 년 동안 150여 개국에서 사랑받았으며 '98 방콕 아시안게임' 공식 맥주이기도 했다.

셰익스피어는 영국 사람이다. 그의 대표작인 4대 비극 중의 하나인 『햄릿』에 나오는 주인공 햄릿은 덴마크 왕자라는 것은 알고 있었다. 왜 덴마크 왕자를 주인공으로 했을까 궁금했었다. 『햄릿』의 무대가 되는 성이 코펜하겐 근처에 있다는 것은 이곳에 와서 알았다.

벨기에

오줌 누는 소년을 보고 헛웃음이 나왔다

유럽에는 동화로 인한 관광 3대 사기가 있다는 유머가 있다. 개인적으로 가장 압권은 브뤼셀에 있는 오줌싸개 동상이다. 코펜하겐의 인어공주, 독일의 로렐라이와 함께 유럽의 3대 '썰렁 관광 명소'의 하나로 꼽히기도 한다. 유명세와 달리 실제로 가서 보면 어디에서나 흔히 볼 수 있는 동상이고 평범한 언덕의 모습에 실망한다. 그러나 해마다 관광객이 구름처럼 몰려드는 이유는 스토리텔링이 있기 때문이다. 많은 사람의 마음에 감동과 대리 만족을 주기 때문이라 생각한다. 관광 자원이 부족한 우리나라도 이 점을 배웠으면 좋겠다.

브뤼셀 중심 그랑플라스에는 많은 사람들이 있었다. 광장을 중심으로 사면 모두 바로크 양식의 고풍스러운 건물들이 가득하여 아름다웠다. 뾰족한 건물들이 동화책에서 나온 것 같이 친근하다. 1444년에 고딕양식으로 지었다는 시청 건물은 자체만으로도 빛났다. 그곳에서 근무하는 사람들은 중세시대 옷을 입었을 것 같다. 상공업이 활발했던 곳이기에 상인 조합 건물인 길드 하우스가 눈에 띄었다. 이곳 역시 1998년에 세계문화유산으로 등재되었다. 유럽의 많은 도시 중앙에는 분수가 있는 광장이 있다. 광장 모퉁이에 사람들이 많이 모여 있다. 느낌으로 저기 같다는 생각이 들었다. 막상 가보니 웃음이 났다.

"하하… 에게게… 이럴 수가…."

생각보다 작아도 너무 작은 50cm 크기로 4~5세가량의 귀여운 꼬마 아이가 오줌 누는 모습을 청동의 검은 동상으로 만들었다. 여기서는 노상방뇨를 해도 괜찮을까?

꼬마 동상이 이렇게 유명한 이유가 뭘까? 천진스러운 표정과 자세로 인해 많은 사람들의 사랑을 받으며 각국의 의상이 입혀진다. 동상의 유래는 16~17세기에 스페인이 지배하고 있었던 시절에 소년이 창밖으로 오줌을 방출하였는데 그 오줌이 스페인 병사의 머리 위에 떨어졌다고 한다. 시민들은 억압자에 대한 반감이 많았는데 이 꼬마가 민족 감정을 대표적으로 표출했다고 한다. 솔직히 진짜 그런가 하고 의아스럽다. 스페인 병사의 황당한 얼굴과 익살스러운 소년의 얼굴이 그려진다. 만약 사실이라면 그 소년은 어떻게 되었을까?

베네룩스 3국에는 벨기에, 네덜란드, 룩셈부르크가 있다고 세계사 시간에 배웠다. 서유럽의 베네치아라고 불리는 벨기에는 왕국이다. 경상도 크기의 작은 나라이며 입헌군주국가다. EC와 NATO 본부를 비롯한 국제연

합기구들이 많이 모여 있다. 유럽의 수도라고 불리는 이유가 된다. 유럽에서 교통 체증과 인구밀도가 1위로 엄청나게 복잡한 나라이다. 관광명소는 한나절이면 걸어서 다 돌아볼 수 있을 만큼 작은 도시다. 바다가 있어서 해산물이 풍부하고 그중에서 내가 좋아하는 홍합 맛이 최고다. 그리고 다양한 초콜릿이 모양이 예쁘고 맛도 좋았다.

체코슬로바키아

프라하의 봄

『참을 수 없는 존재의 가벼움』(1984), 대학생 때 이 소설을 읽었다. 장편이었고 문장이 어려웠다. 무슨 말을 하고자 하는지 다 이해는 못했다. 다만 삶의 정체성과 기독교 신앙에 대해서 생각을 했다. 그 당시에는 갈 수 없었지만 언젠가는 밀란 쿤테라(1929~)가 사는 체코슬로바키아에 가보고 싶었다. 세상이 변했다. 지금은 갈 수 있는 세상이 되었고 내가 이곳에 있다.

삶이란 그리 무겁지 않으며 어쩌면 참을 수 없을 만큼 가벼웠던 것인지도 모른다. 모든 것은 생각하기 나름이다. 우연도 필연도 마찬가지다. 인간의 삶이란 오직 한 번만 있는 것이며 한 번뿐인 것은 전혀 없었던 것과 같다고 한다. 말이 어렵다. 윤회 사상을 믿는 사람은 어떻게 받아들일지 궁금하다.

"영원성의 무거움이라면 이 일회성은 가벼움이다."

체코슬로바키아 하면 생각하는 영화의 한 장면이 떠오른다. '새벽의 7인'은 1975년에 미국과 체코슬로바키아가 합작하여 제작한 영화다. 레지스탕스 대원들이 체코슬로바키아 주둔 사령관 암살에 성공한 후 성당 지하 은신처에 있었는데 동료의 밀고 때문에 포위되었다. 나치는 이들을 반드시 생포하기 위해 온갖 방법을 사용하지만, 번번이 실패한다. 마지막 방법으로 지하실에 물을 넣어 목까지 물이 차올랐다. 남은 두 대원은 떠오르는 아침 해를 보고 서로 머리에 총을 겨누고 옅은 미소를 띠며 방아쇠를 당긴다. 슬펐다.

장엄하고 유구한 천 년의 역사를 간직한 체코슬로바키아의 수도 프라하에 왔다. 개방된 지 2년밖에 되지 않아 조금 긴장하며 프라하에 도착했다. 오랫동안 사회주의 국가였기에 분위기가 무거울 것으로 생각했다. 그러나 의외로 평화스럽고 조용했다. 중세시대를 배경으로 나오는 영화와 같은 동화 같은 유럽의 모습을 그대로 간직하고 있었다. 곳곳에 여러 전설과 같은 이야기가 있을 것 같다. 고풍적인 분위기와 역사의 깊은 숨결이 느껴진다.

1992년 유네스코 세계문화유산에 지정된 프라하의 구시가지는 소박하면서 기품이 있었다. 서로마제국의 수도로서 14세기에 최고의 전성기를 누렸던 도시만큼 위엄이 있으면서 아름다웠다. 하늘을 찌를듯한 첨탑의 고딕 양식으로 신앙심을 보여주고 있는 성 비투스 성당과 왕궁은 서유럽과 달랐다. 구시청사와 구시가 광장에 있는 천문시계는 1437년에 제작되었는데 지금도 정확한 시간을 알려주고 있다. 그 기술이 놀랍다. 시계 하면 스위스가 유명한데 우리가 몰라서 그렇지 체코슬로바키아 시계도 장인이 만들어 정교하고 정확할 것 같다. 정시에 예수님의 열두 제자가 나와 회전한다. 나에게 무슨 말을 하는 것 같다. 전설과 숨은 이야기가 많

이 있을법한 거리를 걸으니 오래된 영화 속에 내가 있는 듯하다.

　뾰족하게 솟은 첨탑과 주황색을 지붕들이 매혹적이다. 거리의 사람들
은 선한 얼굴에 순수한 눈을 가지고 있었다. 서유럽을 여행할 때는 우리
나라에 비해 물가가 비싸므로 배낭여행자는 자고 먹는 비용을 아껴야 했
다. 반면 프라하는 상대적으로 저렴한 물가와 순박한 사람들로 인해 마음
이 편했다. 서유럽에서는 공원에서 빵과 소세지와 콜라로 끼니를 때웠다.

이곳에서는 식당에서 제대로 된 요리를 주문하여 먹을 수 있어 행복했다.

체코에서 가장 오래된 다리며 유럽에서 가장 아름다운 카를 교는 구시 가지와 신시가지를 이어주는데 그냥 걸어가기가 아까울 정도였다. 다리에 있는 동상들이 작품이고 거리의 화가들은 한 폭의 그림이었다. 될 수 있으면 천천히 주위를 감상하며 걸었다. 우리나라에 있는 다리의 밋밋함과 비교되었다. 보석처럼 빛나는 야경을 보면서 밤의 풍경이 이렇게 아름다울 수도 있구나 생각했다. 야경은 또 다른 신비로움으로 여행의 한 페이지를 장식하고 있었다.

이 다리는 영화 '미션 임파서블 1'에서 톰 크루즈가 동료가 탄 자동차 폭발 장면을 보면서 울부짖었던 다리다. 냉전 시대를 배경으로 한 영화에서 공산권 촬영지로 많이 나온다. 프라하는 다시 오고 싶은 도시의 명단에 적었다.

1968년 프라하의 봄으로 유명하다. 1988년 구소련의 개혁 열풍으로 1989년 베를린 장벽이 붕괴되었다. 1990년 민주정부인 체코슬로바키아 연방 공화국이 되었다. 1993년 국민 투표 결과에 따라 체코와 슬로바키아는 분리 독립했다.

헝가리

헝가리 무곡

대학생 때 대구 포정동, 향촌동, 동성로에 있는 음악 감상실인 '맥향', '녹향' 등에 가끔 갔었다. 티켓을 사면 음료수 쿠폰을 주었고 조금 어두운 실내에서 편한 소파에 깊게 앉아 성능 좋은 스피커에서 흘러나오는 고전음악을 감상했다. 가끔 음악에 심취하여 지휘하는 사람을 간간히 보면서 나의 손도 저절로 따라 하곤 했다. 그곳에서 몇 번 들었던 브람스의 '헝가리 무곡'의 선율이 떠오른다.

1989년 11월 9일 베를린 장벽이 무너지고 동유럽에서 헝가리가 제일 먼저 개방되었다. 서유럽의 현대화를 빨리 받아들이려고 노력하는 모습이 인상적이었다. 사람들은 사회주의 국가에 있었던 탓인지 활동적이지 않고 조용했다. 나만의 느낌일까? 헝가리 여인들은 피부가 투명할 정도로 뽀얗고 미인들이 많았는데 눈동자가 맑았다. 이번에는 체코슬로바키아와 헝가리 밖에 오지 않았지만, 동유럽이 마음에 들었다.

부다페스트는 중심에는 아름다운 다뉴브 강(도나우 강)이 흐르고, 지하에는 온천이 흘러 물의 도시로 잘 알려져 있다. 유럽에는 물의 도시가 많은 것 같다. 도시가 얼마나 아름다우면 도시 전체가 1987년 유네스코 세계문화유산으로 지정되었을까? 유럽의 도시들은 규모의 차이가 있을지 몰라도 다 특색이 있고 아름답다. 부다페스트 역시 고풍스러운 건축물과 문화 유적이 많아서 '동유럽의 파리', '도나우의 진주'로 불린다. 프라하와 더불어 동유럽 여행의 중심 도시다.

부다페스트는 다뉴브 강을 중심으로 두 지역으로 나뉜다. 언덕에서 바라보면 다뉴브 강이 흐르고 두 개의 큰 다리가 보인다. 바로 앞이 에르제베트 다리, 그리고 저 멀리 보이는 다리가 그 유명한 세체니 다리이다. 다리도 멋진 예술작품이 될 수 있다. 중세 시대에 살았던 사람들이 더 예술적인 감각이 뛰어난 것 같다. 이전에는 두 도시로 따로국밥이었는데 다리가 두 지역을 연결하여 교류가 활발하게 이루어져 한 도시가 되었다.

부다에는 성 마티야스 교회와 현재 역사 박물관이 된 왕궁이 있다. 로마 시대의 유적이 복원되었다. 페스트에는 네오 고딕풍의 국회의사당, 물위의 궁정, 세체니 다리, 겔게르트 언덕, 어부의 요새가 있다. 한 도시에 이렇게 볼 곳이 많다니 반칙이 아닌가? 여행자의 입장에서는 즐거운 일이다.

특히 눈에 띄는 멋진 건물은 국회의사당이다. 건국 1,000년을 기념해 1884~1904년에 지은 것이다. 헝가리 국민들의 자존심이 담겨있는 건물이라고 한다.

낮에 보는 모습과는 또 다른 멋진 밤의 풍광에 심취한다. 어둠은 불필요한 부분을 가려주고 불빛이 있으니 더욱더 매혹적으로 다가온다. 체코슬로바키아의 소박한 프라하와 헝가리의 화려한 부다페스트와 프랑스의 낭만적인 파리 센 강의 야경은 유럽의 3대 야경으로 손꼽을 만큼 아름답다. 밤늦게까지 걷다가 밤이슬을 맞으며 숙소로 돌아왔다.

서유럽보다 뭔가 모르게 정서적으로 나와 맞는 것 같다. 유럽 속의 아시아 민족이라서 피가 당기는 것일까? 언젠가 한번은 더 올 것 같은 느낌이 들었다.

영국

40일 동안의 런던 생활

가끔 외국에서 '살아보고' 싶다는 생각을 했다. 여행 일정을 계획하면서 여러 나라와 도시 가운데 영국의 수도 런던으로 정했다. 동생은 서울에 있는 대학교에 다녔다. 나도 서울에서 대학교에 다녔다면 내 인생은 지금과 다르지 않았을까 생각한다. 부모님과 떨어져 나 혼자 다른 곳에 살면서 여러 일들을 경험하고 싶었다.

런던에서 40일 동안 지내면서 지금까지 살아온 나의 삶에 대해서 생각했다. 하나님의 사랑과 은혜로 지금까지 지내온 것이 감사하다. 한편으로는 내가 노력한 만큼만 이루어진 것도 있다.

런던은 맑은 날보다 흐린 날이 많았다. 살아보고 싶었던 생활이라 의미 있는 날들이었다. 공원에서 조깅하며 하루를 시작하는 것이 좋았다. 런던과 근교 여행도 하고, 책 읽고, 요리하고, 아르바이트를 했다. 런던을 떠날 날짜가 천천히 왔으면 하고 바랬다. 런던에서 어학연수 하면서 1~2년 더 살고 싶다는 생각을 많이 했다. 한인교회에는 여행 왔다가 어학연수 하는

청년들이 많았다. 떠나려고 하니 아쉬움과 미련이 많이 남는다.

엘리자베스 여왕을 만난 것은 뜻밖에 행운이었다. 20세기에 중세시대처럼 여왕이 존재하는 것이 신기하게 생각되었다. 친근한 할머니를 만난 것

처럼 너무 반가워 달려가서 인사할 뻔했다. 그분은 나를 모르겠지만 난 그분을 TV와 사진에서 많이 보았기 때문에 친숙했다. 만약 달려가서 웃는 얼굴로 반갑게 꾸벅 인사를 하였다면 어떤 상황이 벌어졌을까?

귀엽고 깜찍한 꼬마 케이티가 크리스마스 때 집으로 그림카드를 보냈다. 나를 잊지 않고 보내준 카드가 반가웠다. 카드에 XXXX는 영국 사람이 편지나 카드에 사랑한다는 마음을 표시한 것이다. X 개수가 많을수록 그만큼 많이 사랑한다는 마음의 표현이라고 한다. 보통 2개에서 3개를 보내는데 나에게는 7개를 보냈고 '하트 뿡뿡'도 3개를 그렸다. 보면서 미소가 피어났다. 영리하고 애교 많았고 나를 보고 귀엽게 많이 웃던 얼굴을 떠올렸다. 지금쯤 20대 후반의 금발의 아름다운 아가씨로 멋지게 잘살고 있겠지. 언제 다시 만나 이 사진을 전해주면 어떤 표정으로 무슨 말을 할까 궁금하다. 케이티는 나를 기억하기는 할까?

한국에서 살아오면서 만난 사람보다 지금까지 여행하면서 더 많은 사람을 만나고 교제했다. 짧은 만남도 있었지만 특별한 인연으로 며칠 동안 함께 여행한 사람도 많다. 세월이 흐를수록 그들의 얼굴과 추억은 희미해져 간다.

가끔 생각날 때가 있다. 그들은 지금 어느 하늘 아래에서 어떤 모습으로 살아가고 있을지 궁금하다. 나와의 추억을 가끔은 생각하고 있을까? 우연이라도 죽기 전에 한 번쯤은 만나 여행하면서 만났던 일들을 회상하며 이야기를 나누고 싶다. 만나면 많이 반가우리라. 나도 누군가에게 기억되고 보고 싶은 사람이 되었으면 좋겠다. 부디 건강하고 행복하게 잘 살아가고 있기를 진심으로 축복한다.

런던 한인 교회의 추억

훈련소에서 수요일 저녁에 교회 가기를 원하는 훈련병은 앞으로 나오라고 했다. 주기도문과 사도신경을 암송하면 보내주었다. 수요예배를 드리는데 눈물이 났다. 수 년이 흘러 긴 여행 중에 런던에 있는 한인교회에서 처음으로 주일 예배를 드렸다. 가슴은 뭉클했지만, 눈물은 나지 않았다. 아마 군대와 여행에서의 느낌이 달랐기 때문인 것 같다.

독일 여행 중 런던에서 공부하는데 여행을 한다는 청년을 만났다. 목소리가 좋았고 생각이 깊은 친구였다. 몇 주 후 런던에 갈 거라고 말하니 뜻밖에도 자기가 사는 주소를 적어주면서 꼭 오라고 했다. 약속을 지키기 위해 주소를 들고 찾아갔다. 주택 지역의 2층에 있는 원룸이었다. 그는 여행 왔다가 어학연수를 하기 위해 아르바이트를 하면서 공부하고 있었다. 런던에 있는 동안 이곳에서 머물렀다. 지금 생각하니 혼자 생활하다가 같이 생활하면 여러 가지로 신경 쓰이고 불편했을 텐데 새삼 미안하고 고마운 마음이 든다. 만나면 식사 대접을 꼭 하고 싶다.

런던에 있는 동안 한인교회에 가서 주일예배를 드리고 청년부 모임에 참석했다. 이만열 교수님(전 국사편찬위원장)이 '유학과 신앙생활'에 대해서 강의하셨다. 강의를 마치고 인사를 드리니 목사님이 세계를 여행하는 청년이라고 나를 소개했다. 당신의 아들도 나처럼 세계여행을 보내고 싶다며 여행에 관하여 많은 질문을 하시고 한국에 오면 꼭 찾아오라고 하셨다. 명함을 주셨다.

주일 예배 후 청년부 기도 모임에서 '믿음'을 주제로 토론회가 있었다. 목사님께서 나보고 조리 있게 말을 잘한다고 칭찬하셨다. 처음 듣는 말이었다. 말하는 것에 자신이 없어 앞에 잘 나서지 않는 나였다. 초등학교 1학년 때 반장을 하고 그 이후로 나서지 않아도 되는 부반장만 했다.

청년부에서 나를 선배 대우해 주면서 여러 가지를 챙겨주었다. 청년부 회장의 아들 돌을 맞아 함께 식사하는데 같이 가자고 했다. 회장 차 조수석에 앉아 가는데 뒷좌석에 있던 갓난아기 기저귀를 갈았다. 회장은 축축한 종이 기저귀를 기어 스틱에 올려놓고 푹신한 촉감이 좋다며 싱글벙글

한다. 지린내가 나도 자기 아이 것이니 저렇게 좋을까 생각하며 싱긋 웃었다. 효준이, 효은이 똥 기저귀를 치우면서 그때 일이 떠올랐다. 피식 웃었다. 아빠의 마음은 같다.

후배들과 함께 골프 연습장에 갔다. 잔디 골프 연습장이었는데 생각보다 넓었다. 한국에 비하면 아주 저렴한 가격이라며 나보고도 쳐보라고 권했다. 처음에는 한 번도 쳐본 적이 없기에 창피를 당할까 봐 못 친다고 사양했다. 어떻게 하는 것인지 시범을 보이고 자세를 잡아준다. 군 복무 중 사격을 잘해서 포상휴가를 받았다. 사격을 하러 사로에 섰을 때처럼 긴장된 마음으로 긴 숨을 쉬고 멈추어 신중하게 첫 타를 쳤던 기억이 난다. 땅을 쳤다. 후배가 다시 자세를 교정해 주었다. 공을 보고 머리를 들지 말라고 했다. 생각만큼 쉽지가 않았다. 몇 번의 시행착오 끝에 잘 맞은 공은 몸에 가볍게 전해졌으며 포물선을 그리면서 멀리 날아갔다. 기분이 좋았다.

런던의 여름 날씨는 흐리고 비도 자주 내렸다. 으슬으슬하게 추웠다. 차갑고 습한 기온에 라디에이터를 켜야 했다. 텔레비전을 보기 위해서는 불편하게 동전을 넣어야 했다. 살기 좋은 환경은 아니었다.

명문대학은 달랐다

초등학생 때 어머니께서 보시던 〈여성중앙〉 속에 만화로 된 '폭풍의 언덕'을 재미있게 읽었다. 영국은 황량하고 바람이 많이 부는 나라라고 생각했다. 그렇게 영국과의 인연은 시작되었다. 대학생 때 영국 여학생과 3년 동안 펜팔을 했다. 항상 같은 편지봉투와 편지지에 파란 볼펜으로 적은 수십 통의 편지를 받았다. 사진도 주고받았다. 런던에 갔을 때 주소를 가지고 오지 않아서 못 찾아갔다. 직접 만났으면 많이 놀라고 반가웠을 텐데 아쉬움이 생겼다. 태국 여행하면서 같이 여행한 친구의 집이 런던이어서 찾아갔다. 가족을 만나 친구의 안부를 전하고 부모님께서 이곳으로 보내준 소포를 반갑게 잘 받았다.

유서 깊은 명문대학인 케임브리지에 갔다. 케임브리지는 런던에서 북쪽으로 약 82km 떨어진 캠 강가에 있다. 옥스퍼드와 함께 대학 도시로 세계적인 명성을 얻고 있다. 1284년 칼리지 피터 하우스가 개교한 후, 여러 분야에서 유능한 인재를 배출하고 있다. 가장 유명한 건물은 킹스칼리지의 교회로 중세시대 건축의 대표작이다. 캠퍼스가 역사적인 건물들과 녹지대로 이루어져 평화스러웠다. 한국의 대학교와 비교하면 넓지 않은 캠퍼스를 걸으니 여행으로 분주했던 마음이 차분해지고 좋았다. 잔디에서 책을 읽는 학생과 운동하는 학생과 열심히 자전거 페달을 밟는 학생들의 젊음이 풋풋했다. 학생들 얼굴에는 '나 공부 잘하는 학생'이라고 적혀 있었다. 이곳에서 공부하면 좋겠다는 생각이 들었다. 케임브리지는 기성 신사복의 브랜드이며 미국에도 있다.

옥스퍼드는 영국에서 가장 오래된 대학도시로 런던에서 북서쪽 10km 템스 강 상류에 있다. 어원으로는 Ox(소)+ford(개울)란 말이 합쳐진 것으로 '소들의 개울'이라는 뜻이다. 12세기부터 영국의 학자들이 이곳에 모여들기 시작했다고 한다. 도서관에는 장서가 350만 권에 이르고 영국에서 발간된 서적의 초판이 모두 소장되어 있다고 한다.

상상이 되지 않았다. 과연 얼마만큼의 넓은 공간이 있다는 것인가? 연도별로 책꽂이에 가득한 책을 구경하고 싶었다. 케임브리지보다 고풍스럽고 중후한 분위기인데 느낌은 더 개방적인 것 같다. 영화 '해리포터'에 나오는 마법 학교 식당 촬영지이기도 하다.

그리스

그리스 로마 신화와 올림픽

나는 왜 여행을 떠났는가? 내 인생에서 잠시 쉬어가는 쉼표를 찍고 싶었다. 사람들은 왜 여행을 하고 싶어 할까? 사람은 원초적인 본능으로 나와 다른 것에 대한 호기심이 있다. 지금 사는 곳과는 다른 지역에 대한 궁금함은 누구에게나 있다. 그래서 떠나고 싶어 한다. 인생은 지구별에서 살아가는 나그네며 여행자이기 때문이다.

어렸을 때 둥근 지구본을 보고 우리나라가 세계에서 너무 작다는 것을 알고 많이 놀랐다. 그렇다면 세계는 얼마나 넓다는 이야기인지 상상이 되지 않았다. 이렇게 많은 다른 나라의 풍경과 사람들은 어떻게 살고 있는지 궁금했다. 우연히 김찬삼(1926~2003) 교수님의 세계 여행기를 읽으면서 나도 여행을 하면 되겠다는 생각을 했다. 교수님은 1958년부터 1996년까지 20여 차례에 걸쳐 160개국을 여행했다.

그 당시에 그렇게 많은 나라를 여행했다는 사실이 놀라웠다. 언젠가 나도 세계여행을 해야겠다고 생각했다. 그렇게 소원의 작은 씨앗이 내 맘에 심어졌다.

그리스 로마 신화는 나에게는 인간적이면서 허무맹랑한 판타지적인 신화였다. '신이 뭐 이래' 하는 생각도 들었다. 인간처럼 똑같이 희로애락의 감정을 나타내고 능력은 슈퍼맨 같은 이야기가 나에게는 맞지 않았다. 그런 신화를 만든 그리스라는 나라는 어떤 곳인지 궁금했다. 그 나라 사람들은 어떤 정신세계를 가졌는지 알아보고 싶었다. 그곳에 가면 곳곳에 숨어있는 신비로운 신화가 가득할 것 같아서 듣고 싶었다.

태양이 지중해를 뜨겁게 내리쬐고 있어 눈이 부시다. 지중해는 푸른빛을 띠고 있다. '에게해의 진주' 팝송이 생각났다. 저 멀리 아테네 언덕이 보인다. 시내는 오랜 역사의 숨결이 느껴지는 도시답게 과거와 현재가 공존한다. 그리스는 오랜 전쟁과 내전으로, 최근에는 경제파탄으로 어려움을 겪고 있다. 그리스로 오면서 알고 싶었던 것은 멋진 건축물의 아이디어는 어디에서 나왔을까? 그리스 사람은 신화에 나오는 사람들처럼 아름답고 멋있게 생겼을까? 등이다. 문화적 가치가 높은 유물들은 열강들에 다 빼앗겨 유명 박물관에 전시되어 있다. 껍데기만 남았음에도 불구하고 관광수입으로 먹고사는 나라다. 부자는 망해도 삼대는 간다는 데 나라는 없어질 때까지 혜택을 보는 것 같다.

도시국가인 아크로폴리스에 아테네 수호신인 지혜의 여신 아테네를 모셨다는 유명한 파르테논 신전에 왔다. '성스러운 바위'라는 뜻이다. 기원전 438년에 완성되었다니 탄성이 저절로 나왔다. 그 당시에 어떻게 저런 건물을 만들었을까? 순수한 창작의 산물에 놀랐다. 인간의 능력에 감탄하

지 않을 수가 없었다. 기둥만 남았어도 멋스럽고 예술적이다. 그리스인들의 예술적인 감각은 탁월한 것 같다. 한편으로는 이런 엄청난 건축물들을 짓기 위해서 많은 백성이 땀과 피를 흘렸을 것을 생각하니 마음이 편하지 않았다. 역사는 지금도 순환 반복하고 있다. 1980년부터 보수공사가 시작되었다고 하는데 1992년에도 공사 중이었다. 스페인 마드리드 가우디 성당처럼 장기간에 걸쳐 공사를 하는 이유가 궁금하다. 재정도 그렇지만 그 나라의 국민성과도 관련이 있을 것 같다.

맞은 편에는 기원전 406년에 만들었다는 이오니아 양식의 작은 에렉테이온 신전이 있다. 또 다른 멋이 있다.

숙소에서 걸어서 구경할 수 있는 곳에 제우스 신전과 디오니소스 극장이 있다. 도시 자체가 거대한 유물과 보물이 가득한 박물관 같았다. 하루해가 짧다. 볼 곳이 너무 많아 여행하면 시간이 흐르는 것이 아깝다.

프랑스 귀족 출신인 쿠베르탱에 의해 1896년 아테네에서 제1회 근대 올림픽이 개최되었다. '보다 빠르게, 보다 높게, 보다 강하게'라는 표어가 유명하다. 올림픽은 선의의 경쟁을 통해서 스포츠 정신을 고양한다는 지구인의 축제다. 무엇보다 우승하는 것이 아니라 참가하는 데 의의가 있다는 올림픽 정신이 마음에 든다. 사람이 살아가면서 유념할 것은 성공보다 최선을 다해 노력하는 것이다. 결과도 중요하지만, 과정도 소중하다. 그러나 세상을 살다 보면 꼭 그렇지만은 않다. 올림픽 경기장을 보니 그날의 뜨거운 열기와 관중들의 환호성이 들리는 듯하다. 우리에게는 2004년 올림픽 양궁 경기가 인상 깊게 남아 있는 곳이다.

얼음 땡

평범했던 일상이 순식간에 그대로 묻혀 버렸던 일이 있었다. 폼페이 유적지를 둘러보면서 그 당시 끔찍했던 상황을 생각해 보았다. 폼페이는 이탈리아 남부 해안에 위치한 로마 귀족들의 대표적인 휴양도시다. 서기 79년 8월 24일 폼페이에 사는 사람들은 여느 때와 다름 없는 평화로운 아침을 맞이했다. 아마 우리나라 1950년 6월 25일 아침도 그랬을 것 같다. 폼페이는 당시 인구 2만(귀족과 평민 1만2천 명, 노예 8천 명) 명의 도시다. 로마의 전성기 때 다른 도시와 마찬가지로 번영한 도시였고 더불어 향락과 사치의 도시였다. 섬 가운데 있는 베수비오 산은 16년 전에 폭발한 뒤로 잠잠했다. 가끔 연기를 내뿜는 일은 흔히 보는 일상의 모습이었다.

그날 아침은 평소와 다르게 검은 화산재가 뿌려져서 잠시 대피하면 곧 그칠 것으로 생각했을 것이다. 하지만 그날은 달랐다. 시간이 지날수록 이상한 조짐이 보였다. 땅이 조금씩 흔들리기 시작했다. 얼마 뒤 화산에서 엄청난 폭발음과 버섯구름이 생겼다. 사람들은 허둥지둥 해안으로 달려가기 바빴다. 뜨거운 화산재와 용암이 순식간에 시속 100km의 속도로 폼페이를 4m 이상 덮어버렸다. 사람들은 뜨거운 불기운과 독한 가스에 괴로워하다가 질식사했다. 얼마 되지 않아 바다에서 거대한 쓰나미가 들이닥쳤다. 이럴 때 어떻게 해야 하나? 그냥 순간의 고통으로 죽는 것이 어쩌면 나을지도 모른다. 화산재가 아프리카까지 도달했다고 하니 굉장한 화산 폭발이었던 것이 분명하다. 사흘이 지나서 분화가 멈추고 그냥 잊혀버린 도시가 되었다.

이곳은 아무 일도 일어나지 않은 것처럼 한순간에 묻혀 천년의 세월이 멈추어 고스란히 기억되는 곳이다. 여기서 의문이 드는 것이 로마에서 그 당시 상황을 알았을 것이고 인근 육지에 사는 사람도 알았을 텐데 왜 그동안 발굴하려고 하지 않았을까? 기억하고 싶지 않았을까? 대부분 사람은 자기의 존재를 기억해 달라고 한다. 천 년 넘도록 사고를 당한 나의 존재를 기억하고 있지 않다면 기분이 어떨까?

1709년에 농부가 밭을 갈다가 발견한 유물들은 지금도 발굴 중이라고 한다. 발굴단은 처음에 폼페이에 사람의 흔적이 없어서 이상하게 생각했다. 그 이유는 오랜 세월 동안 안이 비어있는 공동 때문이었다. 석고를 부어 넣은 뒤 그날의 참상이 그대로 알려졌다. 뼈대만 남은 건축물과 간간이 보이는 벽화와 화산재에 의해 미라가 된 다양한 형상을 보았다. 어머니가 아이를 안고 있는 모습, 연인들의 사랑하는 모습, 아침 식사를 준비하기 위해 빵과 고기를 굽는 모습, 목욕하는 모습, 금은보석을 움켜쥐고 괴로워하는 여인까지…

그것은 '동작 그만', '우선멈춤', '얼음 땡' 같은 어렸을 때 동네 친구들과 재미있게 했던 놀이 같았다. 놀이가 끝나면 다시 움직일 것 같은 보통사람들의 일상의 모습을 발견하고 놀랐다. 너무나 사실적이다.

인도네시아 브로모 화산과 필리핀의 마욘 화산, 피나투보 화산, 따알 화산의 참상보다 더 비참한 것 같다. 2011년 후쿠시마 대지진 후 밀려든 쓰나미를 보면서 자연의 대재앙 앞에 사람은 무력함을 느꼈다.

폼페이를 둘러보면서 소금기둥이 된 소돔과 고모라가 생각났다. 폼페이가 현재 다른 도시에 비해 상대적으로 덜 발전된 것이 아직도 베수비오 화산이 활동 중이기 때문이다.

사람이 앞일을 미리 알 수 있다면 어떤 일이 생길까? 장점이 많을까? 단점이 많을까? 평균 수명이 증가하고 100살까지 사는 것이 현실이 되었다. 어르신에게 드리는 최고의 덕담은 '무병장수 하시라'는 말이다. 그러나 오래 살 수 있다는 기쁨도 잠시, 지금은 너무 오래 사는 것을 걱정해야 하는 시대가 되었다. 어떻게 가치 있고 건강하게 살아야 할까? 지금 이 순간,

지금 만나는 사람, 지금 하는 일에 감사하며 최선을 다해 살고자 한다.

나는 오늘 어떻게 살아야 할까?

터키

터키 친구와 혈맹의 나라

터키는 다양한 얼굴을 가졌다. 실크로드 끝에 있는 신비로운 느낌이 나며 동양과 서양이 만나는 교차 지역이다. 문화와 예술이 묘하게 공존하는 이색적인 나라며 한국전쟁에 참전하여 피를 흘린 혈맹국으로 형제의 나라다.

여행 준비하면서 터키에 관한 정보와 지식은 없었다. 6개월간의 유럽 여행 일주일을 남겨두고 그리스 여행을 하는 중에 만난 이스탄불 대학생이었던 마호메트의 초대를 받아서 함께 터키로 가는 기차를 타게 되었다. 이스탄불로 오는 기차에서 브라질과 독일에서 온 여행자를 만났다. 기차 안에서 세계대전을 일으킨 독일 친구와 전쟁에 관하여 열띤 토론을 했다. 독일 군인 같이 생긴 친구는 원칙과 토론을 중요하게 생각하는 전형적인 독일인이었다. 키가 크고 잘 생기고 착한 브라질 친구는 꼭 자기 나라로 오라고 몇 번씩 말했다. 이들과 이스탄불을 여행했다. 세계여행을 마치고 집에 돌아오니 수많은 편지 가운데 세 명의 친구들이 보내준 편지도 있었다. 함께 찍은 사진들과 만나서 즐거웠다는 편지를 반갑게 읽고 답장했다.

이스탄불이 가까워지자 마호메트는 자리에서 일어나서 "오, 이스탄불~ 이스탄불~!" 하고 외쳤다. 표정과 몸짓에서 얼마나 기뻐하고 좋아하는지 알 수 있었다. 마호메트 집에서 반갑게 맞아주셨던 어머니는 이틀 머무는 동안 살뜰하게 챙겨주셔서 감사했다. 저녁에는 터키 음식으로 요리를 해 주셨는데 입맛에 맞고 맛있어서 많이 먹었다. 그동안 굶주린 배가 행복했다. 헤어질 때 결혼해서 꼭 가족과 함께 다시 방문하라고 손을 꼭 잡으시고 말씀하셨다.

터키 음식에는 토마토가 많이 들어간다. 터키 사람들은 토마토를 좋아하는 것 같다. 한국에서는 토마토는 즐겨 먹는 음식은 아니었다. 친구는 토마토가 건강식이라면서 많이 먹으라고 했다. 한국에서는 식후에 먹는 과일이라고 말하니 친구는 밥과 같이 먹는 채소라고 했다. 과일이냐 채소냐 하는 이상한 논쟁을 했다. 토마토도 나라에 따라서 과일도 되고 채소도 되는 것이 신기했다. 한국에 와서 알고 보니 채소라고 해서 토마토를 볼 때마다 그 생각이 났다.

터키에 더 머무르고 싶었지만 6개월 전에 태국 방콕의 카오산 로드에서 친구를 다시 만나 인도를 여행하기로 약속했었다. 그때는 그 친구와 어떻게 연락할 방법도 없었고 미리 비행기 표를 리컨펌해 놓은 상태였다. 아쉬운 마음을 가지고 떠날 수밖에 없었다. 언젠가는 사랑하는 가족과 긴 일정으로 터키와 중동 지역에 성지순례로 다시 여행 오기를 다짐했다. 가져간 필름 60통 중에서 몇 통을 분실했는데 그중에 터키 사진이 있어서 아쉬움이 크다.

터키는 중세 시대에 콘스탄티노플(현 이스탄불)을 중심으로 발전한 기독교 국가였다. 그러나 셀축 투르크에 이어 1453년에는 메메트 2세의 오스만 군대에 함락되면서 가장 강력한 이슬람 종주국이 되었다. 메메트 2세는 그 통치권이 유럽, 중동 및 아프리카까지 이르렀다. 슐레이만 1세 시대에는 영토가 아시아, 아프리카, 유럽에 이를 정도로 전성기를 누렸다.

교회들이 모스크로 변하고 성화가 회칠 되었고 성물들이 상한 것을 보면서 많이 안타까웠다. 지금은 정치와 종교가 철저히 분리되어 있다. 본인들 각자 자유롭게 믿을 수 있고 자유롭게 이슬람교도가 되었다고 한다. 매일 의무적으로 기도를 하지 않아도 되고 술도 마실 수 있다고 친구가 말해주었다. 여성은 예전에 비해 엄격한 율법에 얽매이지 않아도 되고 선택적으로 히잡을 두르지 않아도 된다고 했다. 이스탄불 여대생을 보니 긴 생머리에 청바지를 입고 활동적이었다. 시대가 변하고 있었다. 그러나 대부분 사람들은 이슬람을 최고의 종교로 여기며 살고 있다. 1999년에 출석했던 교회에서 이곳으로 선교사를 파송하였는데 공개적으로 선교하기가 힘들다고 한다.

성경에 나오는 친숙한 도시

학창시절 미술 교과서에서 보았던 진귀한 예술품들을 박물관에서 본 첫 느낌은 놀랍도록 신기했다. 감명 깊게 읽은 책의 배경이 되는 장소에 내가 있을 때도 같은 마음이 들었다. 기독교 모태신앙이라 자연스럽게 어릴 때부터 성경을 배우고 읽었다. 터키 지도를 보니 성경에서 본 낯익은 지명들이 너무 많아서 깜짝 놀랐다. 에베소, 고린도를 비롯한 여러 도시와 노아 방주가 머물렀던 아라랏 산까지 이스라엘보다 더 많은 것 같아서

친근감이 들었다. 반가웠다. 이럴 줄 알았으면 터키 여행하는 기간을 길게 잡을 걸 하는 아쉬움이 들었다.

터키는 광활한 영토와 용맹함으로 한때는 최대 기독교 국가였다고 한다. 그러나 지금은 인구 약 8,000만 명 중 기독교인은 3,500여 명으로

0.005%도 안 된다. 길고 긴 역사와 많은 기적이 있는 성지를 가졌음에도 기독교 신도가 적은 것이 안타까웠다. 믿음은 기적만으로 유지되는 것이 아니다. 경건한 마음이 들게 하는 웅장한 많은 교회들은 하늘을 찌를 듯한 6개의 첨탑으로 이루어진 모스크로 바뀌었다. 묘한 느낌이다. 나라의 종교가 바뀌면 교회도 다른 종교의 회당으로 바뀌는 것을 경험했다. 파괴되지 않고 재사용하고 있음을 그나마 다행으로 생각했다. 성경 역사의 진한 향기를 제대로 맡아보려면 터키로 다시 와야겠다.

에베소는 기원전 7~6세기에 세워진 에게 해 연안의 항구도시로 '바람직한이라는 뜻이다. 아시아 지방의 정치, 상업, 교통의 중심지일 뿐만 아니라 로마제국의 중요한 종교적 중심지였다. 문화와 예술의 도시로서 세계 7대 유물에 속하는 아데미 신전과 극장이 있다. 야외음악당으로 사용했던 원형극장, 셀시우스 도서관을 비롯하여 모든 것들이 역사를 재현해 놓은 듯한 세트장 같았다. 세월의 흔적이 무겁게 느껴진다. 에베소는 에베소서의 배경이며 바울이 쓴 편지 수신지다. 제3차 선교 여행 때 2년 동안 체류하며 두란노 서원에서 이방인들을 대상으로 복음을 전했다. 아시아 복음 선교의 전진 기지로 삼았다.

나 홀로 여행을 다니면 많은 사람을 만나게 되는 장점이 있다. 말이 통하고 마음이 맞아서 며칠 동안 함께 여행을 다닌 사람들이 많다. 인생과 여행의 공통점은 만남이 있으면 헤어짐이 있고 또 새로운 만남이 있다는 것이다. 인연이 되면 또 만나게 되는 것 같다.

볕이 쏟아지는 오후에 에베소에 있는 원형경기장 위에서 사진을 찍고 있는데 꽤 멀리 떨어진 밑에서 '원용 씨'라고 내 이름을 부르는 듯한 외침이 들렸다. 원형극장은 공명이 잘 되게 설계되어 무대에서 소리가 위에까지 들려 음악회가 공연된다고 한다. 처음에는 잘 못 들은 줄 알았다. 오랫동안 못 들은 한국말이 환청으로 들리는가 생각했다. 무시했는데 몇 번 계속 들려 소리가 나는 쪽을 보았다. 그런데 저 아래에서 진한 분홍 옷을 입은 여인이 나를 향해 손을 크게 흔들고 있었다. 분명 나에게 손을 흔드는 것이었다.

바그다드에서 5년 동안 간호사로 근무하고 한국으로 돌아가기 전 유럽 여행 온 네 명의 아가씨 중 한 명이었다. 그 당시 그녀들과 함께 여행하면서 걸프 전쟁 때의 긴박했었던 이야기들을 실감 나게 들었다. 그녀는 멀리 떨어져 있었지만 사진 찍는 모습이 나인 줄 알고 반가워 소리 질렀다며 수줍게 웃었다. 뜻밖의 장소에서 우연히 다시 만나는 것이 신기하고 반가웠다. 여행을 하다 보니 이런 기분 좋은 만남도 생기는구나 싶었다.

식사를 함께하며 그동안 여행했던 지역과 여행하면서 일어났었던 에피소드를 이야기하느라 시간 가는 줄 몰랐다. 내일은 방콕 가는 항공편을 리컨펌 해놓은 상태라서 몇 시간 후에 떠나야 한다. 다시 함께 여행하지 못하는 것을 서로 아쉬워했다. 또 다른 한 명의 아가씨하고는 몇 주 전에 스페인 마드리드를 며칠 같이 여행했었다. 한국에서 살고 있을 텐데 지금까지 만나지 못했다. 아마 다시 만나면 많이 반가울 것 같다.

터키는 아시아와 유럽의 접목 지대이며 환승역과 같아서 이색적으로 신비로움을 느끼게 하며 색다른 볼거리가 많았다. 이슬람 문화와 기독교 문화가 비빔밥처럼 절묘하게 섞여 있었다. 알라신을 향한 터키인들의 요란한 기도 소리가 지금도 들리는 듯하다. 성경에서 본 지명들이 반가웠고 자연환경이 아름하고 사람들이 친절하고 음식이 입맛에 맞았던 터키가 그립다.

유럽 여행을 하면 대부분 남자는 살이 빠지고 여자는 살쪄서 귀국한다. 아마도 먹는 음식에 대한 선호도 차이 때문인 것 같다. 주식이 빵과 유제품이기 때문이다. 귀국했을 때 키 181cm에 몸무게가 67kg였다. 지금은 도달할 수 없는 환상의 체중이다. 어머니 친구께서 앞산 밑에서 옻닭 전문 식당을 하셨는데 몸보신 하러 옻닭을 먹으러 갔다. 나를 보시더니 양 볼살이 많이 빠졌다고 하시면서 멋진 '에이브러햄 링컨'을 닮았다고 하셨다.

4. 남아시아

(네팔, 인도, 스리랑카)

네팔

행복과 불행은 생각하기 나름이다

마음이 불편하니 뒷좌석에서 편하게 앉아있지 못하고 릭샤 운전사가 최대한 힘들지 않게 하려고 앉은 자세에서 용을 썼다. 남루한 옷에 닳은 샌들을 신고 뙤약볕에 땀 흘리며 달리는 릭샤(인력거)에 앉아 있는 것이 어색하고 불편했다. 오르막길에는 릭샤에서 내려 뒤에서 밀어주며 걸었다.

마음속으로 다음부터는 타지 말아야겠다고 생각했다. 마음 한 켠에는 내 마음 편하자고 하루 벌어 하루 먹고 사는 사람에게 안 타는 것이 잘하는 것인가 고민했다. 내가 할 수 있는 일은 처음 흥정한 가격보다 조금 더 얹어 주는 것이었다.

먼 거리는 자전거 릭샤를 탔다. 오르막길을 힘겹게 페달을 밟는 것을 뒷자리에서 보는 내 마음은 또 불편했다. 내 돈을 내고 타는 것이지만 미안했다. 그 이후로 걷는 것이 마음 편해서 걸을 수 있는 거리는 걸어 다녔다.

 가난한 나라에 와서 가난한 일상을 보는 것은 기분 좋은 일은 아니다.
그나마 다행인 것은 그들의 표정에서 자신의 처지가 불행하다고 말하지
않는 것이다. 가난하게 사는 것을 힘겨워하거나 불평불만이 가득한 얼굴
이 아니다. 하루하루의 삶을 부지런히 일하면서 최선을 다해 살고 있다.
어쩌면 여행자인 내가 그들의 행복, 불행을 생각하는 것은 쓸데없는 생각

일지도 모른다. 하루 벌어 하루를 사는 저들이나, 한 달을 벌어 한 달을 사는 우리나 마찬가지라는 생각이 든다. 하루 24시간을 살고 삼시 세끼를 먹고 자는 것은 누구에게나 공평하게 준 하나님의 섭리다.

불과 몇십 년 전부터 갑자기 잘살게 된 나라에서 태어나 조금 더 편한 곳에서 자고, 기름진 음식을 먹는 차이가 있을 뿐이다. 결국, 사람 사는 것은 비슷하다. 네팔인들은 현재의 삶에서 가진 것에 너무 집착하지 않으므로 내면이 평화로워 보였다. 얼굴이 밝고 빛이 나는지도 모르겠다. 천국과 지옥은 내 마음에서 나온다.
모든 것이 '일체유심조'. 내 블로그 이름이다.

행복은 많이 가졌다고 항상 느끼며 사는 것은 아니다. 사람의 본성이 그렇다. 익숙하면 당연하게 받아들여서 감사함을 잊어버린다. 있는 것을 감사하지 않는 것이 불행의 시작이다. 물질의 풍요와 행복지수가 반비례한 것이 현실이다. 아이러니하면서 공평하다는 생각이 들었다. 삶의 가치관을 어디에 두는가에 따라 삶의 방향은 달라진다. 작은 일에도 만족하는 삶이 진정 행복한 삶이 아닐까?
그것이 잘사는 것이 아닐까?
자연과 운명에 순응하며 자족하는 삶을 그들에게서 배운다.

아침에 게스트하우스를 나서면 "나마스테"를 하면서 하루를 시작한다. 나마스테는 '안녕하세요. 만나서 반갑습니다'라는 뜻이다.
눈에 익은 자전거 릭샤 운전사가 나를 반긴다.
"브라더, 오늘은 어디로 갈 것인가요?"
"오늘은 걸어 다닐 거야."

"브라더, 오늘은 돈을 적게 받을 테니 타고 가요."

"힘들어 보이던데?"

"아뇨. 전혀 그렇지 않아요…."

나는 잠시 생각을 한다.

'타? 말어?'

연기 따라 영혼이 올라가고 있어

죽으면 어떤 상황이 일어나고 어떤 느낌이 들까? 죽으면 조금 전에 내가 있었던 곳을 영혼이 되어 볼 수 있을까?

죽음은 누구에게나 본능적으로 두려움이다. 이유는 사후에 일어날 일에 대해서 자세히 알지 못하기 때문이다. 다른 곳으로 떠나는 여행과는 또 다른 차원의 것이다. 단순한 공간 이동이 아니기 때문이다. 사람은 죽은 후에 어떤 일이 일어날까 하는 것을 마음에 두고 살고 있다. 동물들은 자신의 죽음을 직감하고 죽을 때가 다가오면 조용한 곳을 찾아서 곡기를 끊고 죽음에 대해 준비를 한다고 한다. 대부분의 사람은 죽음이 본인과는 무관하고 영원히 살 것처럼 살고 있다. 이것을 보면 어리석은 것이 사람이다.

생명이 있는 것은 유한하며 죽음은 정한 이치다. 본인이 언젠가는 죽는다는 것을 생각하면 지금보다는 가치 있게 살 수 있을 것 같다. 다가올 죽음을 생각하며 준비하는 것도 필요하다고 본다.

"저 연기를 따라 영혼이 올라가고 있어…."

"너의 눈에는 보이니?"

"아니, 보이지는 않지만 그렇게 믿고 있어. "

"망자를 떠나보내는 가족들이 울지 않고 무덤덤해 보인다. 이별이 슬프지 않니?"

"우리도 슬퍼. 가족들도 마음속으로는 많이 슬퍼한단다. 사람이니까! 이별이 당연히 슬프지. 겉으로 드러내 놓고 표현을 안 할 뿐이다."

"우리는 윤회 사상을 믿으니까 다음에는 지금보다 더 좋은 모습으로 태어난다고 생각하면서 마음을 위로한다."

"그렇구나! 우리나라에서는 많이 울어야 효자라고 사람들이 생각해. 심지어 곡을 하는 사람을 고용하기도 했어."

"장례 문화의 차이일 것이라고 생각해. 죽음은 누구에게나 슬픈 마음이 들게 해."

"난 소중하고 사랑하는 사람을 이 땅에서 다시 볼 수 없다고 생각만 해도 눈물이 나."

"나도 그래."

"죽음은 득도한 사람이라도 마음이 아플 것 같아."

"난 천국에서 다시 만난다는 소망이 있는데도 슬퍼."

죽은 사람을 이렇게 가까이에서 본 것은 처음이었다. 그것도 누구나 볼 수 있는 노천 화장터라니! 생소한 풍광에 당황스러웠고 놀라웠다. 그곳에서 나는 노린내는 어릴 때 시골에서 개를 잡아 나무에 매달아 태우는 냄새를 떠올리게 했다. 바로 옆에서는 이곳과 무관하게 일상의 일들을 하고 있었다. 이들에게는 삶과 죽음은 영원한 이별이 아닌 생활의 자연스러운 모습이었다. TV에서 큰 스님이 입적하면 다비식을 하는 장면은 보았었다. 그때는 종교의식에 따라 절차의 엄숙함이 느껴졌다. 이곳과는 분위기가

달랐다.

　가족의 죽음을 겪는 것은 살면서 가장 큰 슬픈 일이다. 처음에 느꼈던 놀라움과 당혹감이 시간이 갈수록 담담하게 몇 구의 시체를 화장하는 모습을 지켜보고 있는 나를 본다. 죽음이 저렇게 가까이 있는데 때로는 죽음에 대한 준비 없이 살고 있지 않았나 반성했다. 죽음을 생활의 자연스러움으로 받아들이는 네팔인들이 대단해 보인다.

　영화 '사랑과 영혼'(1990)에서 죽은 후의 모습을 영상으로 처음 보았다. 남자는 억울한 죽음으로 인해 영혼이 떠나지 못하고 사랑하는 사람 곁에 머물러 있지만, 그녀는 그를 볼 수도 없고 만질 수 없었던 애틋한 장면이 떠오른다. 마지막 장면에 떠나는 모습은 평소에 생각했던 장면이었다.

　누구에게나 한 번은 꼭 찾아오는 죽음은 받아들이는 사람에 따라 그

의미가 다른 것 같다. 요람에서 무덤까지 처음과 끝은 같은데 다양한 삶을 살아가고 있다. 한 줌의 재로 변하는 것을 보면서 산다는 것에 대해서 다시 한 번 생각해보게 된다. 풀잎 끝에 이슬처럼 잠시 영롱하게 머물렀다가 아침 햇살에 사라지는 인생을 어떻게 하면 가치 있게 살 수 있을까? 연기를 따라 올라가는 저 영혼은 지금 이곳을 내려다보면서 무슨 생각을 하고 있을까?

삶과 죽음이 여기에 공존하고 있다. 죽음을 두려워하기 때문에 종교가 생겨난 것 같다. 내세에 소망을 두고 사는 사람은 복 있는 사람이다. 종교의 출발과 핵심은 구원에 대한 믿음과 소망에 있다.

네팔의 국교는 힌두교다. 힌두신이 3억8천 종류가 있는 범신론으로 신들의 나라라고 소개한다. 국민의 81%가 다양하게 많은 신을 믿고 의식을 행한다. 모든 생명체는 영혼이 불멸하며 윤회 속에서 존재하는데 전생의 업보에 따라 다른 존재로 계속 옮겨 다닌다고 한다. 그래서 네팔인들은 현재의 삶에서 욕심이 없는 것일까? 인간으로 태어나기 위해서는 8천 번의 윤회가 있어야 된다고 한다. 8천 번이라니…. 현재의 불행을 업보로 받아들이고 내생을 기다리기에는 너무 긴 시간이 아닐까? 하긴 시간의 길이를 생각하는 것이 무의미한 것인지도 모르겠다. 그들에게는 죽음이 우리처럼 그렇게 슬프지만은 않은 것 같았다. 네팔의 종교이며 문화라고 생각한다.

사람은 마음 깊숙한 곳에 지나간 세월에 추억이라는 보물을 마음에 담아두고 살아간다. 어떤 사람은 과거로 현재를 진단하고 도움을 얻는 수단으로 사용하고 있다. 누구나 돌이켜보면 후회와 아쉬움이 많다. 인간은 완벽하지 않기 때문이다. 또는 화려했던 지난 일들을 회상하며 추억을 먹고 살아가고 있다.

얼마나 많은 추억을 가지고 있느냐도 사람에 따라 다르다. 추억을 가지고 현재에 얼마나 의미 있고 가치 있는 일을 하고 있는가가 중요하다고 생각한다. 열정을 가지고 자신의 꿈을 향하여 조금씩 발전하면 좋겠다. 세월을 아껴 새벽을 깨우며 최선을 다해서 사는 하루가 모여 의미 있는 삶이 되기를 바란다. 어제의 잘못은 반성하고 다시 반복하지 않고 오늘 열심히 살면 된다. 가치 있는 삶이 되도록 노력하련다. 어제는 역사이고 내일은 알 수 없기에 오늘은 나에게 주어진 선물로 생각하고자 한다. 금보다 귀한 것이 지금이다.

사람은 몇 살까지 살면 좋을까? 100세 시대가 다가온다고 매스컴은 떠들고 있다. 오래 사는 것보다 더 중요한 것은 무엇일까?

어떻게 사는 것이 잘사는 것일까?

건강하게 살면서 타인에게 피해를 주지 않고, 할 수 있으면 도움을 주는 가치 있는 삶을 살고 싶다.

깨달음을 얻기 위해서는 고행이 있어야 한다

네팔은 평균 5,000m가 넘는 고봉들이 병풍처럼 든든하게 둘러져 있는 산의 나라다. 각자 섬기는 신에게 경배하는 것으로 하루를 시작하고 여러 신과 더불어 생활한다.

석가모니가 탄생한 룸비니로 가보기로 했다. 헤르만 헤세(1877~1962)는 『싯다르타』에서 뼈만 앙상하게 남은 상태에서 고행하는 석가모니를 그렸다. 깨달음을 얻기 위해서는 먹는 것을 금해야 할까? 작가는 많은 것을 생각하고 글로 표현하는데 존경스럽다. 서양 작가의 눈에 비친 동양종교가 신기했었던 기억이 새롭다. '지식과 지혜는 같지 않다'는 구절에 공감한다. 삶의 지혜가 무엇인지 스승을 만나서 듣고 싶다. 솔로몬은 기도를 해서 지혜를 얻었다. 나도 지혜로운 사람이 되도록 기도를 한다. 석가모니는 무엇을 깨닫기 위해 부귀영화가 보장된 금수저인 왕자의 자리를 버리고 출가했을까? 일단 보통사람이 아닌 것은 분명하다. 나는 그곳에서 무엇을 보고 어떤 것을 느낄 것인지 궁금했다.

　네팔은 대중교통수단이 열악하다. 필리핀의 지프니보다 더 낡은 차에 탔다. 빈자리가 없는데 사람을 계속 태운다. 작은 시골 마을에는 하루에 몇 대가 다니지 않기 때문이리라. 사람들은 불평 한마디 없이 조금씩 양보하며 자리를 내어준다. 이제 더 이상 빈 공간 없이 빼곡하게 사람으로 가득하다. 빛바랜 낡은 사리를 입은 30대 중반의 여인은 일상인 듯 차 바닥에 그냥 앉아 무심히 바깥을 본다. 그 모습이 처연하다. 투박한 손등의 주름에서 가난하여 고단한 삶이 그대로 전해진다. 힘겹게 살아온 세월의 흔적이 그녀로 하여금 실제 나이보다 더 들어 보이게 하였다. 한국 같았으면 내가 앉고 있는 자리를 당연히 양보해주었을 텐데 차 바닥이 딱딱하고 불편해 보이고 목적지까지 언제 도착할지 모르기 때문에 그렇게 하지 못했다. 미안한 마음이 들었지만 나 자신도 장거리여행에 지쳐가고 있었다. 친절도 본인이 여유가 있어야 하는 것을 경험으로 알게 되었다. 비포장길을 달리는 차로 인해 거리는 흙바람으로 자욱하고 유리 없는 차 안으로 흙먼지가 날아든다. 차 안으로 햇살이 들어오면 흙먼지는 하나하나의 미세한 알갱이가 되어 꽃가루처럼 흩날린다. 손수건으로 입을 막고 황량길을 달리기도 하고 때로는 초록의 남동부 테라이 평원을 쉼 없이 달렸다. 길고 긴 시간을 창밖으로 시골풍경을 보다가 졸았다. 드디어 도착했

다. 엉덩이가 내 엉덩이가 아닌 듯 감각이 없고 온몸은 찌뿌둥하다.

　고타마 싯다르타는 기원전 563년 네팔과 인도 경계에 있는 한적한 시골 마을인 이곳 룸비니에서 태어났다. 한국에는 절이 많다. 모든 절에는 부처가 있는데 그 부처가 태어난 곳에 도착했다는 것이 신기했다.

　네팔의 불교도들은 자국이 불교의 본고장이라는 자부심이 대단하다. 룸비니는 부처가 깨달음을 얻은 보드가야(Bodhgaya), 첫 설법을 한 녹야원, 열반에 든 쿠쉬나가르(Kushinagar)와 함께 불교의 4대 성지 중 하나다. 1895년 독일 고고학자인 포이러(Feuhrer)가 히말라야 산기슭의 작은 언덕을 배회하다 석주 하나를 발견하면서 세상에 알려졌다. 1997년 유네스코가 세계문화유산으로 지정했다.

많은 신을 믿는 신들의 나라인 이곳에도 불교를 믿는 사람이 11% 정도 있다고 한다. 우리나라에서 보는 유명한 사찰보다 외형적으로 규모가 작았고 사람도 많이 보이지 않았다. 고개를 갸우뚱하게 한다. 이곳은 싯다르타가 태어난 불교 4대 성지 중의 하나 아닌가? 한국이라면 거대한 사찰을 짓고 많은 사람으로 가득했을 것이다.

이곳에서 하룻밤을 머물기로 했다. 게스트하우스는 낡고 단순한 방 하나가 전부였다. 군대에서 야전 훈련할 때 사용하는 야전 막사처럼 나무 침대가 여러 개 놓여 있었다. 이등병이었을 때 좁은 침상에서 칼잠을 자고 나면 한쪽 어깨가 저렸던 기억을 떠올리며 피식 웃었다. 불편한 잠자리지만 오늘은 피곤하여 단잠을 잘 수 있을 것 같았다. 한밤중에 깨어 불침번을 하지 않는 것만 해도 좋다는 생각이 들었다.

"안녕하세요. 이곳에서 하루 머물고 싶은데 가능할까요?"
"안녕하세요. 환영합니다."
"네. 감사합니다. 숙박비가 얼마인가요?"
"도네이션입니다."
도네이션이라니! 지금까지 숙박하면서 기부금을 내지 않았기 때문에 얼마를 내어야 하는지 궁금했다.

"네… 그래도 어느 정도를 해야 하는지?"
"하서도 되고 안 하서도 됩니다."
"네. 그렇군요. 식사는 제공되나요?"

"물론입니다. 편히 쉬세요. 며칠을 머물러도 됩니다."

"네. 감사합니다."

복잡하고 탁한 공기로 가득한 도시에서 벗어나 한적한 이곳에서 소박한 밥상을 받으며 행복한 미소를 지었다. 식사 후 가볍게 주위를 산책하면서 그 옛날 싯다르타는 이곳에서 어떻게 자랐으며 무엇을 생각했을까 상상해본다.

가난해도 행복지수가 높은 나라

네팔은 세계에서 가난한 나라 중의 한 곳이다. 가난지수는 으뜸이면서 행복지수는 최상위권에 속하는 나라다. 상식적으로 가난하면 불행할 것이라고 생각하는데 그 이유가 뭘까 궁금했다. 며칠을 겪어보니 조금은 알 수 있을 것 같다. 네팔 사람들은 자신에게 좋지 않은 일이 생기면 본인에게 주어진 운명이라 생각하고 받아들였다. 내일 당장 먹을 끼니가 없어도 크게 걱정하지 않고 조금 남은 음식을 나누어 먹거나 굶었다. 오늘 하루 무사히 살았음을 감사했다. 이것은 전형적인 수도자의 삶이 아닌가 싶었다.

자연과 더불어 살며 순리대로 하루를 살고 있다. 욕심이 없으니 불행도 적은 것 같다. 언제 어디서나 만나면 수줍고 정겨운 미소를 머금고 손을 합장하여 인사를 건넨다. "나마스테." 예전에 같은 나라였던 인도인의 무례함과 너무 달라서 이상했다. 무엇이 이들을 이렇게 겸손하게 하고 착하게 했을까? 여행하는 동안 가난한 삶을 보는 것은 마음이 안되었지만 그런데도 이상하게 마음이 편했다. 그들의 평온한 미소때문인 것 같다. 소박한 그들의 삶은 오래동안 내 가슴에 있다. 잊지 못할 추억의 한 페이지가 되었다.

배낭여행을 마치고 돌아오니 여러 가지 질문을 받았다.
"배낭여행을 하면서 무엇을 얻었나요?"
떠나보지 않은 사람은 떠난 사람의 이야기를 듣고 싶어 했다. 나는 무엇을 얻기 위해 여행을 간 것이 아니다. 그냥 여행을 하고 싶었고 좋아서 떠났다. 질문을 하니 그에 대한 답을 해야 할 것 같아서 잠시 생각했다.
"인생을 어떻게 살아야 할 것인가에 대해서 조금 알게 되었습니다. 현재의 삶에 감사하는 마음이 생겼습니다. 아무리 좋은 곳이라도 오랫동안 머무르지 않고 다시 길을 떠나야만 했습니다. 여행하면서 인생도 비슷하다는 생각이 들었습니다. 무리한 욕심을 내지 않고 살아가는 지혜를 배운 것이 가장 큰 소득입니다."

현지인이나 여행자를 만나면 그 사람 자체를 보게 된다. 마음이 통하는 사람을 만나면 반갑고 기분 좋다. 여건이 되면 함께 여행을 하지만 결국에는 자기의 길을 떠나야만 했다. 때로는 기분 좋게, 때로는 아쉬움의 미련을 가지고 뒷모습을 오랫동안 지켜보기도 했다. 그러한 일들이 반복되면 무감각해져야 하는데 그렇지 못한 것이 사람의 마음이다. 그렇게 인생을 알아간다. 마음이 조금은 넓어지고 생각은 조금씩 깊어져 가고 있었다. 이것을 성숙이라고 할까?

지구라는 작은 행성에 태어나 짧게 살아가는 우리 인생이다. 언젠가는 떠나야 하고 사랑하는 사람들과 이별을 해야 한다는 것을 안다면 좀 더 여유 있고 멋지게 살 수 있지 않을까? 유한한 삶에서 쓸데없는 욕심을 부리지 않는다면 진정 자기가 원하는 시간을 보낼 수 있을 것 같다. 기회가 주어진다면 가치 있고 보람된 일을 하면 축복이다.

출발할 때 무거웠던 배낭이 시간이 흐를수록 가벼워진다. 몸에서 군더더기들이 빠져나가니 체중도 가벼워지고 마음에서도 영양가 없는 쓸데없는 잡념들이 사라지면서 맑아진다. 여행하면서 조금씩 무거워진 삶의 미련과 욕심을 내려놓게 된다. 부질없는 욕심에서 조금은 자유로워진 나 자신을 발견한다.

오늘도 나는 기꺼이 길을 나선다.
그래서 여행이 좋다.

안나푸르나를 만나러 가다

하늘은 이불, 땅은 자리, 산은 베개, 구름은 집.
안나푸르나 베이스캠프에 가는 트레킹을 하기 위해 네팔 수도 카트만두에서 낡은 버스를 탔다. 화려한 장식으로 꾸민 버스 위에는 여러 사람과 각종 짐으로 가득하다. 몸은 불편하고 고달팠지만, 마음은 새로운 곳으로 간다는 설레임으로 시간을 보냈다. 12시간이 흘러 드디어 포카라에 도착했다. 트레킹을 하기 위한 장비를 준비하면서 호수 근처에 머문 며칠은 생각 이상으로 평온하고 좋았다. 무엇을 하겠다는 계획을 하지 않고 그냥 편안하게 잘 지냈다. 무엇을 한다거나 기대하지 않았기에 오히려 일상이 재미있고 즐거웠다.

포카라는 1년 365일 설산이 보이는 한적한 시골 마을이었다. 우리나라

농촌 풍경과 비슷하다. 햇살이 따뜻하게 내리쬐며 조용하고 평화로웠다. 순박한 네팔인과 아이들과 자유로운 서양 여행자들은 동양인을 처음 보는지 호기심 가득한 눈길을 보낸다. 히말라야 산을 오르기 위해서는 트레킹 허가증을 가지고 있어야 중간중간에 있는 검문소를 통과할 수 있다. 트레킹 허가증을 받기 위해 기다리는 시간이 지루하여 따분할 수 있었는데 그들과 자연스럽게 어울리며 시간을 보냈다. 드디어 안나푸르나 (8,091m) 트레킹 허가증을 손에 들고 보니 보고 싶은 애인을 만나러 갈 수 있는 차표를 받은 것 같이 기뻤다.

"야호~" 좋아서 손을 번쩍 올리고 소리를 질렀다. 13일 동안 안나푸르나 베이스캠프(4,130m)까지 가는 길에서 어떤 일들을 만나게 될지 기대되었다.

여행자 거리는 트레킹을 준비하거나 다녀온 외국인들로 북적인다. 181cm, 75kg 체격에 맞는 등산화, 파카와 침낭을 빌리기 위해 여러 가게에서 신어보고 입어보았다. 대부분 낡았지만, 그 가운데 트레킹 하는데 크게 불편하지 않고 사용할만한 것을 선택했다.

트레킹 하면서 숙소에서 읽을 책을 고르는 중 김지하 시인의 『타는 목마름에서 생명의 바다로』(1991)가 눈에 띄었다. 많은 영어책들 가운데 유일하게 한글이 빛나고 있었다.

'이렇게 반가울 수가…'

집 떠나온 지 어느덧 8개월이 넘어가면서 한글에 목말라 있었다. 책을 펼쳐보니 80년대 많은 눈물을 흘리게 했던 최루탄의 매캐한 냄새가 나는 듯하며 회색 가스가 아침 안개처럼 자욱했던 복현골이 떠올랐다.

김진홍 목사는 시인과 동갑내기 친구인데 이 시대의 최고 천재라고 소개하던 김지하 시인을 만난 내 가슴은 뛰었다. 네팔 20일, 인도 3개월 여행하면서 조금씩 아껴가며 여러 번 읽었다. 동행하던 친구들이 책의 내용에 관하여 물었다.

1980년대 대한민국은 군부 독재 시절이었는데 자유를 위한 데모를 하던 시절이었다고 말했다. 그때는 민주화의 열망이 온 국민의 가슴을 뜨거운 용광로처럼 끓게 하여 거리로 나오게 했다. 부모님들은 대학생 자녀들이 데모하는 것을 걱정하고 말렸다. 자연스럽게 한국의 정치 상황과 민주화와 생명과 죽음에 대해 이야기를 나누었다.

안나푸르나를 만나러 가는 길은 한적하고 정겨운 시골 길이었다. 어릴 때 시골에서 논과 밭을 보았기에 친근한 느낌이 들었고 반가웠다. 외국 여행자들은 처음 보는 풍경인지 황금 들녘과 다랭이논을 신기해했다.
"뷰티 풀~ 원더 풀~ 판타스틱!" 하고 감탄을 아낌없이 쏟아내었다.
그들은 먹는 음식에도 "뷰티 풀~"을 남발(?)했다.
'뷰티-풀'이 아름다운 풍경에만 그치지 않고 음식에도 사용하기에 나도 따라 했다.

이어지는 좁은 논두렁길과 밭고랑을 걸으니 어렸을 때 명절이면 찾아가던 할아버지 집이 떠올라서 자연스럽게 미소가 드리운다. 몇 가구씩 옹기종기 사이좋게 모여 있는 작은 나무집 마당에서 아이들이 뛰놀고 있는 모습이 친근하게 다가온다. 한눈에 보아도 가난해 보였지만 그들의 해맑게 웃는 얼굴과 수줍어하는 몸짓에 절로 기분이 좋아지고 있었다. 자연과 잘 어울려 사는 모습이 보기 좋았다. 모든 것이 평화롭다. 그래서 네팔인들의 행복지수가 우리나라 사람보다 훨씬 높은가 보다. 시간이 천천히 아주 느리게 흘러가고 있었다.

이런저런 생각을 떠올리기도 하고 때로는 아무 생각 없이 하루 종일 산

길과 계곡을 걸었다. 시간이 흐를수록 온몸에는 땀이 기분 좋게 흘렀고 옷은 흠뻑 젖어들었다. 한 걸음씩 내디뎌야 안나푸르나를 만날 수 있다. 포터들은 닳고 낡은 샌들을 신고 무거운 짐을 지고 산길을 오르고 내렸다. 볼 때마다 안 되어 보이고 두터운 나의 등산화가 미안했다.

로지에서 먹는 소박한 음식들은 배가 고파서 반가웠고 맛나게 그릇을 비웠다. 역시 시장이 반찬이라는 말이 진리다. 딱딱한 나무 침상에서 곤히 자고 일어나면 전날의 피로는 깨끗이 사라지고 새로운 힘이 나는 것 같았다.

무슨 이유 때문이었을까?
공기가 맑아서였을까?
마음이 편안해서였을까?

오늘도 나는 산길을 걸었다

아침에 눈을 뜨면 어제 하루 종일 걸어서 힘들었다는 생각은 어디론가 사라지고 몸과 마음이 개운하다는 것을 느낀다. 잠자리는 불편한데 공기가 맑은 탓일까? 어쨌든 신기하고 기분 좋은 아침을 매일 맞이했다. 조금씩 가까이 보이는 설산의 풍경에 반가운 미소를 짓는다. 오늘도 변함없이 간단하게 토스트와 짜이(밀크티)로 아침 식사를 하고 길을 나선다. 산속의 공기는 상쾌하고 햇살은 적당하여 걷기 딱 좋은 날씨다. 쓸데없는 잡념도 오를수록 점차 줄어드니 머리도 맑아진다. 더불어 내 영혼도 평온하다.

트레킹 하면서 비가 한 번도 내리지 않았다. 비가 내리는 풍경도 멋지겠지만, 많이 걷지 못하면 일정에 차질이 생긴다. 여행자를 기분 좋게 하는 풍경이 걸을 때마다 아름답게 펼쳐졌다. 그러나 돌계단이 너무 많다. 오르막길로 계속 올라가면 괜찮은데 내려갔다가 다시 오를 때는 정말 짜증이 나기도 하고 힘들다. 누군가가 9천 계단이라고 하는데 아파트와 비교하면 몇 층 높이일까? 몇 시간을 걷고 있으면 다리도 아프고 배에서 먹을 것을 달라고 아우성친다.

산 모퉁이를 도니 신기하게도 로지가 짠하고 나타났다. 이곳에는 뭔가 특별한 메뉴가 있지 않을까 하고 메뉴판을 유심히 보았다. 역시나 비슷한 차림표다. 대부분 달밧과 짜파티를 먹는다. 한국에서 밥을 먹는 것처럼 신기하게 질리지 않았다. 트레킹을 하면 본인의 의사와는 상관없이 다이어트가 될 것이다. 하루 종일 공기 좋은 산길을 걷고, 과식은커녕 인스턴트 군것질을 못 하니 몸이 건강해질 수 밖에 없다. 몸과 마음이 아픈 사람은 물론이고 다이어트 하기 힘든 사람에게 적극적으로 권하고 싶다.

점심 식사 후 잠깐 휴식을 취하고 해지기 전까지 또 길을 나서 부지런히 걸었다. 산에서는 해가 일찍 지기 때문에 보통 5시 전까지는 로지에 도착해야 한다. 트레킹 막바지 저녁 식사로 몸보신도 하고 축하 파티로 닭요리를 주문했다. 백숙 비슷한 것을 내어 와서 맛있게 먹었다.

서양 여행자들의 체격은 타고 난 것 같다. 남녀 가리지 않고 자기 덩치 크기의 배낭을 짊어지고 잘도 걷는다. 당당함이 보기에도 좋다. 나이 든 외국인이나 단체 관광객들은 포터와 요리사를 고용하여 간편하게 오르면서 더 힘들어하지만 즐거워한다. 이것이 트레킹의 매력이다. 내 짐은 내가 진다.

산길을 걷다 보면 눈에 보이는 풍경들이 정겹다. 버펄로, 소, 염소, 당나귀, 양, 닭, 고양이, 원숭이 등을 본다. 시골에서 만나는 사람들과 생활 도구와 집들이 낯설지 않아서 친근하다. 안나푸르나 베이스캠프까지 7일

동안 부지런히 걸어 산을 오른다. 산이 깊으면 계곡도 깊었다. 다행히 간
간이 오고 가는 여행자들을 만나기 때문에 반갑게 인사하며 힘을 내라고
격려를 했다. 외국인들은 인사도 잘한다. 보기에도 좋다.

"Annapurna."

고대 인도어인 산스크리트어로 '풍요의 여신'이라고 한다. 고래 꼬리를 닮았다는 마차푸차레(6,997m)가 점점 가까워지니 환한 미소를 지으며 나를 반긴다.

히말라야의 안나푸르나를 마음에 담아오다

"부와 명예는 허무하다. 추억이 풍요로운 이가 진정한 부자이다."

- 토머스 겔리

배낭여행의 장점은 사람들을 만날 때 편견 없이 대할 수 있다는 것이다. 일상생활 중에 만나면 사람보다 그 사람이 가지고 있는 배경을 생각하게 된다. 직업, 학벌, 부로 인한 선입견을 갖게 된다. 여행 중에 만날 때는 그것이 중요하지 않았다.

세속적인 기준으로 사람을 판단하지 않고 인간됨을 먼저 보게 된다. 여행자로서의 자유스러움도 있고 자기 분량의 배낭을 메고 여행을 좋아한다는 공통적인 관심사로 쉽게 어울리고 즐겁게 이야기를 나누었다. 마음이 통하고 본인의 여행 계획이 크게 어긋나지 않으면 며칠 동안 함께 여행을 다닌다. 동행자와 함께하는 여행은 색다른 경험이 되어 즐거웠다. 그동안 나의 여행에는 많은 동행자가 있었다.

안나푸르나 베이스캠프로 오르는 길에서는 앞서거니 뒤서거니 하면서 만난 사람을 또 만나기도 한다. 이스라엘과 이탈리아 사람들의 성격은 우리나라 사람들과 비슷했다. 특히 군 복무를 마치고 여행하는 이스라엘 젊은이들은 무리 지어 다니며 시끄러웠다. 가끔 거들먹거리며 무례하게 행동하는 그들이 눈에 거슬렸다. 하루는 로지 앞마당에서 아침 운동을 그들에게 보란 듯이 태극 8장까지 하고 고려, 금강, 태백을 하고 돌려차기와 발 찢기를 했다. 힘 있는 특공무술을 한 뒤 가쁜 숨을 천천히 골랐다. 지켜보던 사람들은 박수를 치고 환호성을 지르며 엄지손가락을 치켜세웠다. 몇 명이 내게 다가와서 태권도를 가르쳐달라고 한다. 나를 보던 평소의 눈빛은 확실하게 달라지고 태도도 공손해졌다. 그날 이후 사람들은 나를 "스트롱 맨", "타이거 맨"이라고 불렀다.

한국에서 온 승려 두 명을 만나 반갑게 인사를 하고 며칠 동행하게 되었다. 숙소 마당 의자에서 쉬고 있으면 한 사람은 잘 싸우는 기술을 이야기했다. 맥가이버 칼을 줄에 묶어서 무기로 사용하는 방법을 보여주기도 했다. 이 사람이 수도하는 승려인가 하는 생각이 들었다. 한 사람은 그저 빙그레 웃기만 했다. 그런데 어느 순간 그가 나를 좋게 생각하고 있지 않다는 것이 느껴졌다.

'왜 그럴까? 무슨 이유 때문이지?'

지금까지 나를 만난 대부분 사람들은 나에게 호감을 느끼며 좋아하고 친하게 잘 지냈다. 산길을 걸으면서 곰곰이 생각하다가 스스로 결론을 내렸다.

나 역시 그 사람에게 좋은 감정을 느끼고 있지 않았다. 따라서 그 사람이 나를 좋게 생각하기를 바라는 것은 옳지 않다. 내가 세상 모든 사람을 좋아하지 않듯이 모든 사람이 나를 좋아하기를 바라는 것은 어리석고 이기적인 마음이다.

그렇게 생각하니 마음이 한결 편해졌다. 그 이후 그 사람에게 군이 잘 보일 필요가 없이 편하게 행동했다. 평소에 생활하면서 나는 다른 사람이 나를 어떻게 생각할까 하며 의식하고 살아왔던 것 같다. 앞으로 살아가면

서 이유 없이 나를 좋아하지 않는 사람을 만나도 그대로 받아들일 수 있
는 여유가 생겼다. 너무 많은 사람이 나를 좋아해도 피곤하다.

12박 13일 동안 히말라야 안나푸르나(8,092m) 설산을 바라보면서 걷는 길은 행복했다. 내 앞에 길이 끊임없이 이어지고 있어 그냥 앞만 보고 걸으면 되었다. 누군가에 의해서 만들어진 길이 있다는 것은 편하다. 길이 없으면 만들어야 하고 장애물이 있으면 치워야 한다. 앞에 간 사람들이 지나간 길을 그대로 걸으면서 한편으로 감사한 마음이 들었다. 또한, 내가 걸어온 길이 누군가에게 바른 길이 되었으면 좋겠다.

포터들은 낡은 슬리퍼를 신고 한 눈에 보기에도 무거워 보이는 많은 짐을 지고 비탈진 산을 오르내렸다. 낮에 힘들게 고생하고도 편안한 잠자리가 아닌 야외에서 잠자는 그들의 고단한 산중 생활을 보면서 마음이 짠했다. 가난한 나라 네팔에 태어났다는 이유 하나로 힘들게 생활하는 포터들이다. 가끔 친해져 말하며 지내는 포터들은 여행 오는 친구들을 소개해 달라거나 한국으로 자기를 초대해 달라고 부탁하는 얼굴에서 간절함이 전해진다.

자연의 순리대로 하루의 정해진 시간이 흘러갔다. 해가 뜨면 자리에서 일어나서 씻고 아침 식사를 하고 길을 걸었다. 늦은 오후가 되면 발걸음을 멈추고 로지에서 머물렀다. 먼지가 가득한 몸을 씻고 차려준 저녁 식사를 맛있게 먹는다.

방은 좁고 TV가 없으니 마당에 있는 평상에 눕거나 의자에 앉아 하늘을 본다. 밤하늘은 칠흑같이 캄캄한데 깨끗했다. 많은 별들은 보석같이 반짝이며 쏟아질 듯 영롱한 빛을 비추었다. 돌이켜 보면 처음 가져보는 웰빙과 힐링의 시간들이었다. 즐거웠고 아름다웠던 시간들이었다. 내일에 대한 기대로 잠자리에 들 때 내 얼굴에 미소가 저절로 피어나는 것을 느낄 수 있었다.

인도

아… 인도, 인디아여!

"Crazy!" "Crazy!" "This guy is crazy!"

네팔에서 낡은 버스를 타고 국경을 넘어 15시간 만에 인도의 작은 버스 터미널에 도착했다. 릭샤 운전사와 게스트하우스 호객꾼들이 벌통에 모여드는 벌떼처럼 내 주위를 에워싸고 호텔 사진을 보여주며 가격을 제시한다. 자기들끼리 서로 미쳤다고 반 농담으로 웃으며 호객행위를 하는데 정신이 없게 만든다. 주파수가 제대로 맞춰지지 않은 라디오처럼 불협화음의 소음이 귀를 멍멍하게 한다. 이중 언어에서 오는 소란함이 공기를 가득 메운다.

"Hi, my friend~" "웰컴 투 인디아~"

친한 친구를 오랜만에 만난 듯이 친근감을 나타낸다. 이곳에서는 처음 만나는 사람도 친구가 된다. 네팔과 전혀 다른 분위기와 번잡한 소란스러움에 당황스럽다. 무리에게서 겨우 빠져나왔는데 언제 빨았는지 모를 땟국물이 줄줄 흐르고 여기저기 구멍 나고 너덜너덜한 낡은 옷을 입은 사람들이 나에게로 다가온다. 몇 달은 씻지 않은 아이들은 입에 손을 갖다 대고 먹는 흉내를 내면서 돈을 달라고 손을 내민다. 갓난아이를 안은 여인은 커다란 눈에 이 세상 슬픔을 가득 담아 최대한 불쌍한 얼굴로 구걸한다.

"박시시~ 박시시~."

어떤 이는 내 옷자락과 가방을 당기면서 걸음을 멈추게 한다. 거리에는 신체 일부분이 절단된 장애인들이 얼마나 많은지 놀랐다. 한 사람에게 돈을 주면 또 다른 많은 손들이 나의 길을 가로막는다. 가진 잔돈을 다 주고 이제 더 이상 없다면서 빈 호주머니를 탈탈 털어 보인 후에야 그들에게서 벗어날 수 있었다.

거리는 더욱더 가관이었다. 낡은 자동차, 릭샤, 자전거들이 서로 먼저 가겠다고 클랙슨을 쉴새 없이 울린다. 이곳은 교통법규란 아예 없거나 지키는 것이 아닌 것 같다. 그 와중에 삐쩍 말라 엉덩뼈가 앙상하게 나온 소들이 태연히 차도와 인도를 어슬렁거린다. 여기저기 한 무더기씩 있는 소똥을 피해 걸어야 한다. 한 마디로 아수라장이다. 각종 오물과 쓰레기들이 넘쳐나고 이상한 냄새들이 코를 찌른다.

와! 오감으로 적나라하게 인도를 경험하게 된다. 여기가 인도, 인디아다.

인도영화에서 보았던 깨끗하고 맑은 피부에 큰 눈망울의 영화배우 같은 사람은 눈을 씻고 봐도 보이지 않는다. 모두가 피부가 검고 마른 사람만이 가득하다. 영화에서 보았던 인도가 아니었다. 내가 상상했던 인도는 더욱더 아니었다. 생각하는 이상으로 가난한 삶의 현장이 눈앞에 흑백영화의 마지막 장면처럼 정신없으며 쓸쓸하게 펼쳐진다. 땅의 현실에 더하여 하늘에 떠 있는 태양은 뜨겁게 내리쬐어 머리가 지끈지끈하고 어질어

질하다.

　며칠은 적응하기 힘들었다. 걸으면서 보이는 광경과 겪게 되는 사람들로 인해 마음이 아파 눈물짓곤 했다. 덥기도 하거니와 먹는 것도 제대로 먹지를 못했다. 작은 단위 루피로 바꾸어 손을 내미는 사람들에게 주니 매일 아침마다 숙소 앞에서 내가 나오기만을 기다렸다. 그런데 적선을 받으면서도 당당하다. 오히려 맡겨놓은 돈을 받아가는 것처럼 느껴졌다.

　이건 무슨 상황인가? 자기가 선한 일을 할 기회를 주었으니 감사하라는 말도 안 되는 소리를 천연덕스럽게 내뱉는다. '아, 이들은 고마움을 모르는 사람이구나. 주는 돈이 아깝다.'

　그 이후로 주는 데 인색하게 되었다. 동행하는 여행자들은 머리를 절레절레 흔들며 어깨를 으쓱인다. 이해 안 되기는 마찬가지인 것 같다. 며칠 다닌 여행자는 인도는 더 이상 못 다니겠다고 말하며 다른 나라로 가겠다고 짐을 꾸려 나갔다.

　남은 나에게 행운을 빌어주었다.

인도는 비자를 받아 90일 동안 머무를 수가 있다.

'그래 어차피 인도에 왔으니 즐기면서 인도 여행을 하자. 인도 전국 일주를 해보는 것도 의미가 있을 것 같다.'

대학교 2학년 때 전국 일주를 하였고 군 제대 후 제주도 일주와 남해안을 자전거로 여행한 경험이 있다. 텐트에서 자고 밥을 해먹는 것이 아니니 그때보다 쉬울 수가 있다는 생각이 들었다.

인도는 과연 어떤 나라인지 궁금했다. 무엇이 많은 여행자를 이곳으로 오게 하는지 경험하고 싶었다. 만나는 인도 사람들은 나에게 무슨 이야기를 하며 나는 무엇을 느낄 것인가?

90일 동안 큰 사고 없이 아프지 않고 건강하게 무사히 일주할 수는 있을까? 이런 걱정은 들지 않았다. 그냥 여행으로 다니는 거니까. 결론은 중반부에 이름 모를 풍토병의 일종인 열병에 걸려 일주일 동안 심하게 앓다가 죽다 살아났다.

인도는 매우 넓었다. 지역마다 다양함이 넘쳐서 분위기와 사람들의 성격이 완전 달랐다. 전국 일주를 해볼 만한 가치가 있는 나라였다. 다른 나라에서는 일주일에 일어날 일들이 이곳에서는 매일 일어나고 있다.

그래 여기는 인도다.

사랑은 생명이다

사람은 합리적인 이성을 추구하지만 때로는 순간의 감정에 요동치기도 한다. 인생을 요약하면 '희, 로, 애, 락, 애, 오, 욕' 칠정의 감성의 수레바퀴 속에서 사는 것이 아닌가 생각한다. 그중에서 최고는 사랑이라고 많은 사람들은 이야기한다. 사랑에는 종류도 많다. 사랑이라는 단어가 이제는 식상하다. 다른 단어는 없을까 생각해 보지만 마땅한 단어가 생각나지 않는다. 영화나 책에서 사랑 이야기가 없으면 밋밋하고 재미가 반감된다. 사랑은 사람의 눈을 멀게 하기도 하고 놀라운 힘을 발휘 하기도 한다. 오랜 억압과 구속 끝에 자유를 앞에 두고 사랑을 위해 포기하는 경우도 본다. 하나뿐인 자기 목숨을 사랑하는 사람을 위해 기꺼이 내어놓기도 한다.

인도하면 여러 건축물을 떠올리지만, 그중에서 탑 오브 탑은 타지마할이다. 가이드 북에서 단편적인 안내 글만 읽고 큰 기대는 하지 않고 갔는데 입구에 들어서는 순간부터 몇 번의 감탄사를 했는지 모르겠다. 수백 년 전에 만들었다는 큰 무덤인데 상상 이상의 놀라운 건축물이었다. 인간의 능력은 어디까지일까?

타지마할은 아그라 남쪽 자무나 강가에 있다. 순백의 아름다운 궁전 형식으로 인도의 대표적인 이슬람 건축의 무덤이다. 지상 최고의 조화로움과 완벽한 미를 갖춘 건축물이라고 한다. 300m의 일직선의 수로를 따라 연꽃 모양의 정원과 완벽한 좌우대칭은 균형미와 정갈함의 아름다운 극치를 보여주었다. 7m의 기단과 한 면이 58m이며 중앙 돔의 높이는 65m다. 흰 대리석은 태양이 비추는 각도에 따라 하루에도 몇 번씩 빛깔을 달리하며 보는 사람의 넋을 빼놓는다.

공중에 떠 있는 듯 신비롭고 아름답다. 타지마할은 무굴제국의 황제였던 샤 자한(1592~1666)이 왕비 뭄타즈 마할을 추모하여 건축했다. 그 시대에는 전쟁터에 갈 때 다음 왕위를 이어갈 왕자를 데리고 갔으나 샤 자한은 꼭 왕비를 데리고 갔다고 한다. 사랑해서 가까이 두고 싶기도 했겠지

만, 왕비가 지혜가 있어서 훌륭한 조언자의 역할을 잘했다고 한다.

　왕비는 전쟁 중 14번째 아기를 출산하다 야전 막사에서 죽었다. 왕은
크게 슬퍼하며 2년 동안 왕비를 추모하였으며 타지마할을 건축하기 위해

매일 2만 명의 노동자가 동원되었다. 노동자들이 거주할 신도시를 부근에 건설했다고 하니 그 규모를 짐작할 수 있다. 세계 각국에서 온 수많은 보물과 대리석들이 동원되고 1,000마리의 코끼리가 참여한 대역사가 엄청났을 것이다. 아내의 죽음을 애도하며 22년 동안 무덤을 지었다는 순애보 한 남자의 사랑의 금자탑 결정체이다.

동행한 여행자들이 여자로 태어나서 저런 사랑을 한번 받아보았으면 좋겠다고 이구동성으로 말했다. 난 그녀들에게 의미 있는 미소와 눈빛을 보내며 물었다.

"한 남자를 위해서 13명의 아기를 출산하고 14번째 아기를 출산하다가 죽을 수 있겠냐?"

모두들 눈이 동그래지며 진짜냐고 되물었다. 그녀들은 고개를 흔들면서 말했다.

"끔찍하다. 불가능하다. 공평하지 않다. 여자는 아기 만드는 기계가 아니다." 그렇다. 그것은 아무나 할 수 있는 사랑이 아니다.

타지마할 주위를 걸으면서 때로는 앉아 바라보면서 여러 생각을 하게 했다. 왕비 몸타즈 마할은 어쩌면 희생을 동반한 최고의 사랑을 한 것인지도 모른다. 그런 아내를 둔 샤 자한이 부러웠다.

샤 자한은 22년 동안 묘지가 지어지는 것을 보면서 무슨 생각을 했을까? 사랑하는 죽은 아내가 보고 싶어 하루가 천 년 같은 세월을 어떻게 30년이나 보냈을까? 슬픔에 잠긴 동안 나라는 제대로 잘 다스렸을까? 지금도 이렇게 황홀하고 아름다운데 300년 전에는 그 눈부심이 어떠했을까? 샤 자한은 오늘날 쉽게 만나고 헤어지는 인스턴트식의 사랑을 하는 사람에게 무슨 이야기를 할까?

샤 자한은 강가 건너편에 검은 대리석으로 자신의 묘를 짓고 구름다리로 타지마할과 연결하고자 했다. 1658년 완공 후 막내아들의 반란으로 왕위를 박탈당하고 아그라 요새인 무삼만 버즈 탑에 갇혀 말년을 보냈다. 2km 떨어진 타지마할을 매일 바라보면서 많은 생각을 했을 것 같다.

다행히(?) 사후에 타지마할 지하에 사랑하는 부인 옆에 묻혔다고 한다. 1983년 유네스코 세계문화유산으로 지정되었다.

사랑의 힘으로 탄생한 세계에서 가장 아름다운 무덤, 타지마할을 두고 인도의 시성(詩聖) 타고르는 다음과 같이 말했다.

"어느 날 흘러내린 눈물은 영원히 마르지 않을 것이며, 시간이 흐를수록 더욱더 맑고 투명하게 빛나리라. 그것이 타지마할이라네."

에로틱을 승화시킨 예술작품

예술과 외설의 경계는 어디까지일까? 몸이 반응하면 외설이고 반응하지 않으면 예술이며 보아서 기분 나쁘고 불쾌하면 포르노라고 생각한다. 사람은 누구나 원초적 본능으로 성에 대한 호기심이 많다. 나라마다 성 테마 박물관이 있고 사람이 모여드는 것이 증거다.

카주라호는 뉴델리에서 620km 떨어진 중부 지역에 있다. 사원에 있는 에로틱한 조각상들은 종교와 성의 조화로 유명하다. 분델칸드 지역에 왕국을 세운 칸델라라지푸트족의 왕들이 시바 신과 비슈누 신, 자이나교의 대사제에게 봉헌했다. 신앙, 윤리, 지식의 완성을 주된 교리로 삼고 극단적인 무살상, 무소유를 실천하는 자이나교는 수행할 때는 실오라기 하나 걸치지 않는 알몸으로 수행한다고 한다. 일본의 혼탕과 유럽의 누드비치를 떠올렸다. 수행 중에는 부끄러운 신체 반응이 일어나지 않을지 조금 걱정되었다.

950~1050년에 지어진 힌두교와 자이나교 사원 85개 중 현재 20개가 남아 있는데 벽면에 성적인 행위를 묘사한 조각상이 많아 '에로틱 사원'이라는 별칭으로 불린다. 이 사원들은 몇 개를 제외하고는 모두 사암으로 지어졌다. 1986년 유네스코가 지정한 세계문화유산으로 선정되었다. 인도에도 많이 있는 것 같아서 검색해 보았다.

지구촌에는 유네스코가 매년 지정하는 세계문화(자연)유산은 문화유산이 628개, 자연유산이 160개, 24개는 혼합형이다. 137개국이 최소 하나 이상 등록되었다. 국가별로는 최근까지 스페인이 1등이었다가 이탈리아가 작년과 올해 3건을 등록시켜 40건으로 1위로 올라섰다. 중국과 독일 (31건), 프랑스(30건), 영국(26건), 인도(26건), 멕시코(25건), 러시아(22건), 미국 (20건) 순이다. 한국은 일곱 개다. 이중 경주와 석굴암과 불국사는 두 개로 별도 지정되었다. 참고로 일본은 13개가 있다.

세상에서 제일 에로틱하면서 야한 사원을 보기 위해 한적한 시골 마을을 찾았다. 많은 여행자들이 일부러 방문하는 이유는 사원 안의 쉽게 볼 수 없는 적나라하게 표현한 조각상을 보기 위해서이다. 직접 보면 수위가 꽤 높다고 설명한 가이드 북을 읽으면서 기대(?)가 되었다. 사원에서는 경건한 몸과 마음을 가져야 하는 데 민망한 신체적인 반응이 일어나지 않을까 조금 걱정되었다. 목욕탕과 수영장에서 예기치 않은 민망한 반응이 나타나서 애국가를 부르거나 먼 산을 보며 호흡을 조절하고 밖으로 나온 경험이 있기 때문이다. 건강하기 때문에 일어난 현상이다.

　야한 조각상들을 본 첫 느낌은 너털웃음과 '에게게, 이 정도쯤이야. 약
하다 약해'라는 생각이 들었다. 조금은 과장되고 해학적인 몸짓이 귀엽다
는 생각이 들었다. 나는 무엇을 상상하고 기대했는가 되물었다. 중학생

때 친구들과 플레이보이지와 야한 만화와 책을 처음 보았을 때 충격에 비하면 아이들 모래 장난 같았다. 그러나 자세히 보니 객관적으로 재미있었고 한 번쯤은 볼만했다. 늘씬한 여인의 관능적인 모습과 성교하는 남녀의 다양한 체위들에 눈길이 한 번 더 가고 한동안 머물게 했다.

중세 인도의 부조를 대표하는 여인상과 관능의 극치를 표현한 미투나의 에로틱한 조각들은 신기하기도 했다. 솔직하게 표현한 조각들을 보면서 내 몸에서 특별한 신체 반응이 일어나지 않은 것을 보니 분명 예술작품임이 분명했다. 안심하고 사원을 천천히 둘러보며 아름다운 예술작품들을 감상했다. 남자와 여자의 느낌이 다른 것 같다. 어떤 조각들은 정교함의 디테일과 입체적이어서 감탄했다. 한편으로는 한 치 빈 공간 없이 빼곡하게 조각들이 이어져 조금은 답답했다. 동양화의 수묵화처럼 여백의 미를 두었으면 나름 상상의 날개를 펼치며 즐겼을 텐데….

남녀뿐만 아니라 남남, 여여 등의 동성애, 그룹, 심지어 동물과의 난교 조각상도 있다. 그 당시에는 말을 비롯한 동물은 숭배의 대상과 가축의 의미만은 아니었나 보다. 천 년 전이나 지금이나 인간의 성행위는 비슷한 것 같다. 해 아래 새로운 것이 없는 것 같다. 동작 선이 부드러운 작품들을 보면서 조각한 장인들의 감정을 생각해 본다. 자세히 보니 같은 탑인데도 상, 중, 하단의 색깔이 달랐다. 거사 전, 거사 중, 거사 후의 뜨거웠다가 식는 모습을 다르게 표현했다는 말에 감탄했다. 그렇게 보니 섬세한 감각에 달라 보였다.

남녀 간의 뜨거운 사랑으로 인한 희열의 극치인 오르가즘은 열반에 오를 때와 비슷한 느낌인가 보다. 한 번 보고 두 번 돌 때의 느낌이 다르다. 성교의 행위가 아름답다는 생각이 들었다. 아이들의 성교육을 위해서 조각했다는 말에 수긍이 되었다. 저 멀리 언덕 너머로 서서히 붉은 태양이 지면서 탑을 비추니 탑들은 오묘한 색으로 변하면서 조각된 사람들의 형상들이 살아있는 듯했다. 인간과 자연의 아름다운 합작품을 보는 것 같았다.

사원을 나오는 길 양쪽에는 작은 상점이 몇 군데 있다. 조금 전 탑에서 보았던 여러 종류의 에로틱한 조각상들과 사진과 그림이 여행자를 유혹한다. 웃으면서 그냥 가려고 하니 처음 불렀던 가격보다 낮은 가격을 부른다. 호기심에서 장난삼아 가격 흥정을 해보았다. 처음 가격은 관광객에게 파는 가격이고 나에게는 특별히 친구로서 가격을 제시한다면서 계산기에 숫자를 찍어 몰래 보여주는 흉내를 낸다. 귀여웠다. 오분의 일 가격이다. 그러나 한 번 보고 웃을 뿐 굳이 사고 싶다는 생각은 들지 않았다.

혼자 수개월을 배낭여행 하면서 아프지 않고 부지런히 다니면서 즐거운 시간을 보내고 있다. 몸은 야위어져 갔지만, 마음은 한국에 있을 때보다 평온하고 좋았다. 나를 보는 사람들은 내 얼굴에서 밝은 빛이 난다고 했다. 건강하게 잘 다녔는데 카주라호 게스트하우스에서 알 수 없는 열병에 걸려 일주일을 심하게 아팠다. 40도 넘는 높은 열이 나고 식은땀이 비 오듯이 흐르는데 몸은 사시나무 떨듯이 추웠다. 가져온 옷을 다 껴입고 모포로 온몸을 따뜻하게 했다. 입맛이 딱 떨어져 아무것도 먹지 못해 체력은 고갈되어 가고 정신은 혼미해졌다. 한적한 시골 마을의 병원은 열악했다. 그렇다. 아픈 만큼 아파야 회복되는 것이다. 장기간 여행을 하거나 외국에서 생활하게 되면 누구나 한 번쯤은 아프다고 한다. 다행히 함께 다니는 친구가 곁에서 보살펴 주었고 이런 일이 일어날 것을 예상했는지 아껴두었던 신라면 하나를 끓여 먹고 조금씩 회복되었다. 해외에서 아플 때는 어떤 약보다 한국 음식이 더 효과가 좋은 것 같다. 중국 여행 중 한의사가 백 년에 한 번 나올까 말까 한 건강 체질이라고 말했다. 그때는 사실 여부를 떠나 기분 좋았다. 지금은 그 말의 진위 여부가 상당히 의심스럽다.

무소유를 생각한다 – 마하트마 간디

"나는 가난한 탁발승이요. 내가 가진 거라고는 물레와 교도소에서 쓰던 밥그릇과 염소 젖 한 깡통, 허름한 모포, 수건 그리고 대단치 않은 평판 이것뿐이요."

- 마하트마 간디

초등학생 때 존경한 위인은 슈바이처(1875~1965) 박사와 마하트마 간디(1869~1948)였다. 라즈 가드는 12억 인도인들이 가장 존경한다는 간디를 화장한 장소이며 그를 추모하기 위해 만들어 놓은 기념 장소다. 많은 사람들이 간디의 어록과 유품들을 보는 모습이 경건해 보였다. 작고 깡마른 몸에 걸친 옷 하나와 소박한 유품들을 보면서 많은 생각을 하게 했다. 간디라는 인물을 지도자로 둔 인도가 부러웠다.

간디는 인도 민족해방운동의 지도자이며 비폭력, 불복종, 무저항주의의 상징적인 인물이다. 어쩌면 막강한 영국의 지배하에서는 그렇게 할 수밖에 없었겠다는 생각이 든다. 비폭력이었기에 많은 사람들에게 공감을 얻고 뜻을 이루었다고 생각한다. 간디는 무소유를 실천하며 가치 있는 삶의 모범을 보여준 위인이다. 무소유란 아무것도 소유하지 않는 것이 아니다. 가지고 있는 것에 대한 집착을 내려놓고 현재 필요하지 않은 것을 가

지려는 욕심을 버리는 것이다. 마하트마는 '위대한 영혼'이라는 뜻으로 인
도의 시성 타고르가 명한 이름이다. 힌두 지상주의 극우파 청년의 테러로
목숨을 잃고 다음 날 힌두 교리에 따라 화장되어 강에 뿌려졌다. 현재 인
도에서 절대적인 왕조라고 불릴만한 막강한 세습을 하는 인도 최고의 정

치 가문인 간디 가와는 아무런 관계가 없다. 단지 이름만 같을 뿐이다.

살면서 너무 많은 물질을 가지려고 하지 말고 이 세상을 떠날 때도 많은 재산을 자녀에게 물려 주지 않고 사회에 환원하는 것이 좋겠다. 빈손으로 왔으니 빈손으로 돌아가는 것이 맞다. 사람이 살아가면서 무소유로 살아갈 수 있을까? 욕심내지 않고 필요한 것만 가지고 산다는 것은 보통 사람으로서는 어려운 일이다.

그런 점에서 배낭여행은 적은 것을 가지고 살아가는 경험을 할 수 있는 좋은 방법이다. 내가 감당할 수 있는 무게의 배낭만 가지고 다닌다. 여행을 하는데 필요한 것만 배낭에 담기 때문이다. 여행 초보자들은 이것저것 챙기다 보면 여행 중반부터는 배낭 무게로 힘들어한다. 아직 사용하지 않았고 앞으로도 사용할 가능성이 별로 없는 물건도 미련이 남아서 과감하게 남을 주거나 버리지도 못한다. 나 역시 돌아오는 날까지 한 번도 사용하지 않은 물건들을 보며 반성한다.

'다음 여행에는 불필요한 것은 가져가지 않으리라. 최소한의 물건만 가져가리라.' 다짐한다. 나에게 필요하지 않은 것은 가지고 가서 현지 사람들에게 주고 온다. 여행을 많이 한 사람은 배낭 무게를 가볍게 한다. 경험으로 잘 알기 때문이다. 짐과 자유는 반비례한다. 여행 중에도 마음에 드는 물건을 보면 정말 필요한 것인지 몇 번을 고민한다.

진짜 마음에 들고 정이 들어 더 머물고 싶어도 살 수 없으므로 떠난다. 짧은 소풍과 조금 긴 여행 같은 우리의 인생처럼 생명은 유한하며 언젠가는 떠나야 한다. 매일 아침 이러한 사실을 생각한다면 주어진 하루를 무의미하게 살지는 않을 것 같다.

'떠남'과 '비움'을 마음과 몸으로 체득하기 위해 가끔 배낭여행을 한다.

나이 들수록 행복의 필요조건은 줄어들고 단순해지는 것 같다.

화장한 여인을 보는 것 같다

여행을 하면서 사람에게 느꼈던 인상이 다르듯 지역마다 다양한 추억의 모자이크가 있다. 나는 도시마다 특색있는 색과 소리와 독특한 냄새를 좋아한다. 새로운 여행지에 도착하면 온몸의 오감으로 느끼는 것을 좋아한다. 하늘을 먼저 쳐다본 후 가만히 눈을 감고 주변의 소리에 귀를 기울인다. 이곳에서는 어떤 냄새가 나는지 코 평수를 늘린다. 북인도에는 핑크시티의 자이푸르, 블루시티의 조드푸르, 화이트시티의 우다이푸르와 계획도시 자이살메르가 있다. '푸르'는 힌디어로 도시라는 뜻이다.

블루, 핑크, 화이트의 진한 원색이 세월의 흐름 속에 옅은 색이 되고 먼지가 쌓여 퇴색되었지만 아쉽지는 않다. 화려한 원색도 좋고 세월의 흔적이 느껴지는 것 또한 나름대로 정겹다. 영화 '김종욱 찾기'는 많은 사람들이 가슴에 인도에 대한 호기심의 불을 지폈다. 특히 여성들에게 인도에 대한 환상을 심어 인도를 찾아가게 했다. 임수정이 공유를 찾아가는 여정 중 조드푸르에서 사리를 입는 장면은 내가 보아도 충분히 매력적이었다. 영화에 보이는 화면은 민얼굴에 곱게 화장을 한 것과 비슷하다. 분명 같은 얼굴인데 화장 전후가 다른 것처럼 영화와 사진으로 보면 같은 장소라도 훨씬 더 멋지고 아름답기 때문이다. 감안하고 생각해야 한다.

어쩌면 영화와 사진이 주는 환상 때문에 인도인들은 영화를 사랑하는지도 모른다. 영화 보는 시간만큼은 가난하고 고된 일상을 잊고 행복하다. 인도 영화는 단순한 스토리로 진행되고 결론은 언제나 인과응보다. 춤과 노래가 빠짐없이 있어 조금 유치하다는 생각이 든다. 몇 번 보다 보면 은근 기분 좋게 하는 매력이 있어 시간을 내어 몇 편 관람했다. 인도 사람들은 영화를 보면서 소극장에서 연극을 보는 것처럼 감탄사와 아쉬움의 반응을 표현한다. 심지어 환호성도 지른다.

호반의 도시 우다이푸르는 '해가 뜨는 도시'라는 뜻이다. 인도인들에게 사랑을 많이 받는 신혼 여행지다. 지명에서 로맨틱한 느낌이 든다. 인도사람은 세계에서 3번째로 아름다운 도시라고 말하는데 무슨 근거인지 물어보고 싶었다. 석양으로 붉게 물드는 아름다운 호수를 보았을 때 동의하지 않을 수 없었다.

레이크팰리스는 파촐라 호수 가운데 호반의 궁전이라고 불린다. 아름다운 호수 가운데 사막의 오아시스처럼 하얀 건물이 떠 있는 것처럼 보여 이색적이다. 이곳 역시 태양이 하늘을 붉게 물들일 때는 환상적이다. 태양은 빛으로 예술을 창조하는 것 같다. 메와르 왕조의 번영했었던 모습을 상상해 보았다. 지금은 낡았지만, 그때는 순백으로 아름다웠으리라 생각된다. 007 시리즈 중에 '옥터퍼시'(1983)의 촬영지로도 유명하다. 어렴풋이 기억을 떠올려보지만, 자세하게 기억나지는 않았다. 작은 보트를 타고 섬으로 들어간다. 영화 촬영지에 가면 내가 주인공이 된 듯한 기분 좋은 착각에 빠져든다. 나라면 연기를 어떻게 했을까 하면서….

시티 팰리스는 라자스탄 주에서 가장 크고 화려한 성이다. 인도는 넓은 땅인 만큼 인구도 많고 왕국도 많았다. 왕들의 나라답게 도시마다 크고 작은 궁이 많다.

대도시인 서울에는 5개의 궁이 있지만, 어느 작은 도시에는 궁이 열 곳이나 있었다. 철저한 신분사회였기 때문에 가능했을까? 중세시대에 지배자로 살면 편했을지 몰라도 일반인은 힘들었겠다는 생각이 들었다.

우다이 싱 2세가 창건하였으며 현재 본관은 박물관으로 사용하고 부속

건물은 호텔로 사용한다. 유럽 고성들이 현재 게스트하우스로 사용하는 것처럼 인도도 오래전의 화려했던 왕궁을 호텔로 사용하고 있다.

몇 곳은 관리가 잘 되어 있지 않아 문이 삐거덕거리고 어두워서 드라큘라가 나올 것만 같다. 어설픈 잠금장치가 불안하여 가지고 다니는 체인으로 문고리를 감고 자물쇠로 잠그고 잤다. 걱정한 만큼 위험한 일은 일어나지 않았다. 꿈속에서 그 시대의 왕자가 되기도 하고 흑기사가 되기도 했다.

세계에 많은 나라들 중에 인도는 가보면 좋은 곳이 아니라 한 번쯤은 꼭 가봐야 하는 나라로 추천하고 싶다. 세계에서 7번째로 넓은 나라이기에 지역마다 특색 있고 독특하여 지루할 틈이 없다. 사서 고생하고 힘들어도 여행을 좋아하는 사람에게 다양한 색을 가진 인도를 권한다.

인도 사람들은 "노 프러블럼"을 중동 사람들은 "인샬라"라는 단어를 하루에도 수십 번 말한다. 본인 뜻대로 안 되더라도 모든 것은 문제가 없으며, 모든 것은 신의 뜻이라고 말한다. 처음에 들었을 때는 무책임하고 속 편한 소리인 것 같아서 답답했으나 살아갈수록 그 말이 맞는 것 같다. 내 힘으로 해결할수 없는 일들을 속상해봐야 해결되는 것은 아니다. 그런 마음을 가지고 살기 때문에 그들이 느끼는 행복 지수가 아등바등 사는 우리나라 사람보다 높은 것 같다.

하루에도 몇 번씩 황당해 하며, 화내며, 슬퍼하며, 웃게 하며, 감동을 느끼며, 깨달음을 주는 나라. 매일 감정의 희비 쌍곡선으로 내일은 어떤 황당한 일이 일어날 것인지 기대되는 곳은 지구에서 인도뿐인 것 같다. 빠르게 변화하는 세상과는 무관하게 자기만의 전통을 지켜 가는 다양함을 경험하게 하는 나라, 이곳이 인도다.

인도 기차여행을 해보지 않았다면 진면목을 못 본 것이다

인도의 속살을 제대로 경험하려면 기차를 타야 한다. 인내력 테스트와도 닦으려면 인도 기차여행을 하라고 적극적으로 권한다. 그것도 장거리 기차에서 많은 일들이 일어난다. 기차역에 여성전용 휴게실이 있고 기차표를 발권하는데 여성전용 창구가 있는 것이 놀라웠다. 영국의 지배를 오래 받아서 '레이디 퍼스트'의 관습이 지금까지 유지되는 것 같다. 하긴 인도사람들은 영국 사람에 대한 호의가 대단했다. 학생들은 영국에 유학 가고 싶어 한다. 그런데 여성에게 도를 넘게 추근대는 것을 여러 차례 보면서 아이러니하다는 생각이 들었다. 3개월 동안 인도 일주 여행하면서 화를 딱 한 번 냈던 원인이기도 하다.

기차역에 도착하는 순간부터 소란스러운 혼돈으로 인해 정신이 쏙 빠지게 된다. 많은 여행자들과 걸인들과 마른 소들은 기차역이라는 한정된 공간 속에서 제각기 살아 움직인다. 각종 쓰레기와 오물들에서 나오는 냄새들은 지금까지 맡아 보지 못한 것으로 역겨웠다.

기차 도착 시각이 지났는데도 기차가 오지 않아 역무원에게 물으니 그도 확실히 모르는지 무작정 기다리라고만 한다. 3시간 연착은 일상적인 일로 생각하고 여러 사람들과 소를 구경하면서 시간을 보내며 가볍게 애교로 넘어가 줘야 정신건강에 좋다. 몸과 마음이 지쳐갈 즈음 무쇠 덩어리 골동품 기차가 연기를 뿜으며 칙칙폭폭 소리를 내며 도착한다. 처음에는 유리창 없이 쇠창살만 있는 기차를 보고 놀랐다. 무거운 배낭을 둘러메고 힘들게 기차에 탑승했다고 오늘의 여정이 무사히 끝난 것은 절대 아니다.

기차 안에서 인도 사람들과 부대낌 속에서 전혀 예상하지 못한 일들로 웃고 울고 화내게 된다. 한국전쟁 때 피난민들처럼 이불 보따리는 기본이며 밥 해먹을 각종 살림 도구들을 가지고 탄다. 심지어는 짐승들도 데리고 탔는데 누구 한사람 뭐라고 말하는 사람이 없었다.

내 좌석에 앉아도 내 자리가 아니다. 한 명, 두 명이 엉덩이를 들이밀면

2인석은 4인석이 되고 5인석이 된다. 그들은 넉살도 좋다. 양해를 구하거나 미안해하거나 고마워하지 않는다. 기본적으로 예의를 모르는 것 같다. 여성 여행자 옆에 앉아서 슬며시 신체접촉을 한다. 일행이 있고 없고는 상관이 없다. 여행자가 큰소리로 화를 내면 뻔뻔하게 다른 곳을 쳐다본다. 이렇게 여자들이 여행하기 힘든 곳이 인도다.

옆에 앉은 사람이 나에게 반갑게 인사하며 묻기 시작한다. 어디에서 왔니? 가족은 어떻게 되니? 결혼은 했니? 몇 살이니? 직업이 뭐니? 인도를 어떻게 생각하니? 나의 대답은 한 사람 건너 건너 전달되어 내가 타고 있는 기차 칸 안의 모든 사람들이 알고 고개를 끄덕인다. 어쩌면 다른 칸까지 나에 대한 이야기가 흘러갔을 수도 있다. 한두 명씩 내 주위로 모이더니 돌아가면서 커다란 눈에 호기심을 가득 담아 질문에 질문이 꼬리를 문다. 기차 안에서 내가 무엇을 하는지, 무엇을 먹는지 인도 사람들의 관심이 집중된다. 할 일들이 그렇게 없나 하는 생각이 들었다. 한국에서 외로운 사람, 관심을 받고 싶은 사람은 인도 여행을 적극 추천한다. 시간표에 적힌 정차 시간은 물론 지켜지지 않는다. 가는 도중에도 아무 곳에 정차하는데 안내 방송이 없다. 대책 없이 서너 시간 기다려야 한다. 이제부터 길고 긴 고행의 시작이다. 마음 단단히 먹어야 한다. 성격이 급한 사람은 더욱 힘들다.

아잔타 석굴은 인도 북서부 타프티 강 지류의 만곡부에 있다. 고대 불교 예술품은 B.C 1세기 이전에는 불상이 없었는데 5~6세기 굽타 왕조 시대에 만들어졌다고 한다. 힌두교의 나라에서 불교문화를 보는 것은 특이하다. 인도 회화 예술의 금자탑으로 평가받고 있다. 집채만 한 큰 바위를 떡 주무른 듯이 부드럽게 조각한 걸작품에 놀란다. 인위적이지 않고 자연

친화적이다. 그 수수함의 디테일은 보는 내내 감탄을 자아내게 한다. 그것도 단단한 화강암에 벽화 프레스코화를 보면 어떻게 저렇게 세밀하고 섬세하게 조각을 했을까?

석굴이 29개가 있으며 어떤 석굴은 30여 미터 깊이 파고 들어간다. 1819년에 호랑이 사냥을 하던 영국인이 발견했으며 1983년 유네스코에 의해 세계문화유산으로 등재되었다. 중국과 우리나라의 불상에 영향을 주었으며 특히 6번 석굴의 불상은 우리나라 석굴암의 원형이라고 한다. 둘러본 느낌은 세월의 흐름에 퇴색되었지만, 불심은 아직도 빛나고 있었다.

북인도의 번잡함을 떠나 호젓한 느낌이 드는 곳에서 쉼을 얻고자 할 때는 남인도로 여행을 온다. 이곳 사람들도 자연의 영향을 받아서 순박하고 조용하다. 이래서 사는 환경이 중요하다고 생각한다.

함피는 인도 남서부 카르나타카 주에 있는데 옛 비자야 나가르 왕국의 수도였다. 이탈리아 여행가 디 콘티는 "세상에 존재할 수 없는 풍경"이라고 했다.

비슈누의 7번째 화신인 라마가 다녀갔다고 'Hampi'라고 부른다. 힌두 왕조의 사원들과 유적들을 둘러보는데 하루해가 짧을 정도로 많다. 유적지보다는 이곳의 명물인 큰 돌덩어리에서 장엄하고 엄숙한 신의 손길이 느껴졌다. 이곳 또한 1986년 세계문화유산에 등재되었다고 한다.

서양 여행자들이 즐겨 찾고 오래 머문다는 고아에 왔다. 히피들이 많았고 자유로운 영혼들이 좋아하는 곳이다. 밤이면 해변 곳곳에서 축제가 벌어진다. 가게마다 음악과 술이 있었다. 남방의 뜨거운 열정이 가득했다. 숲 속에서 열리는 노천 장터는 토속품을 비롯하여 갖가지 물건들이 많아서 구경하기 좋았다.

코친은 인도에서 현존하는 가장 오래된 남부에 있는 항구다. 코코넛의 과즙과 향을 좋아하는데 코코넛을 보니 반가웠다. 인도가 아니라 동남아시아와 중국과 유럽을 살짝 버무려놓은 것 같다. 장소와 분위기는 사람이 만드는 것 같다.

이곳에 포르투갈 사람이 오랫동안 머물렀다고 한다. 거리에서 유럽풍의 분위기가 느껴지고 가톨릭 성당이 많이 보인다. 정복자들은 꼭 자신들의 종교를 강요하고 전파한다. 그것이 신의 뜻일까? 해변에 줄지어 있는 이국적인 투망이 보였다. 해 질 무렵이면 20여 개의 중국식 어망이 더욱 신기해 보인다. 14세기에 중국 광둥성에서 행하던 전통적인 낚시 방식의 어망이라고 한다.

이른 아침에 해변 모래사장을 뛰었다. 밤 늦게 물고기를 잡아온 어선에서 그물을 끌어올리는 작업을 하고 있었다. 흔쾌히 힘을 보태는 것도 즐거운 일이다. 그물에는 처음 보는 물고기가 가득하다. 사람들의 얼굴에는 수확의 기쁨이 떠오르는 햇살에 비추어 환하게 빛난다. 사양하는 나에게 몇 마리를 주었다. 나는 어린 꼬마에게 주었다. 사람들의 해맑은 미소와 순박한 마음들을 보는 것은 기분 좋게 한다.

"나마스테"

기도와 묵상은 어떤 의미일까?

기도란 무엇이며 사람에게 어떤 의미를 가지는 것일까? 사전적 의미로 기도는 '인간보다 능력이 뛰어나다고 생각하는 어떤 절대적 존재자에게 비는 행위'라고 적혀 있다. 묵상은 절대자에게 마음과 정신을 집중하여 그의 계명을 생각한다는 것이다.

개인적으로 기도는 절대자에게 자신의 마음을 온전히 드러내 놓고 전심으로 그분과 대화하는 것이라고 생각한다. 또한, 영혼의 호흡이며 죄를 회개하고 아집을 내려놓고 자신을 낮추는 겸손한 모습이다. 묵상은 절대자의 음성을 듣는 것이라고 생각한다. 말하는 것도 중요하지만, 상대방이 하는 말을 잘 듣는 것도 중요하다. 살아가면서 하나님의 음성을 잘 듣고 그분의 마음을 바르게 이해하면 좋겠다.

바라나시는 인도 북부 갠지스 강 중류 서쪽에 있다. 연간 100만 명이 넘는 순례자와 세계 각국에서 많은 관광객들이 방문하는 가장 오래된 도시 중의 하나로 신성시하는 곳이다. 불교와 자이나교에서도 중요한 대성지로 손꼽히는 곳이다. 갠지스 강을 따라 6km에는 84개의 가트가 있다. 마라티 왕국(1674~1818) 시기에 대부분 건립되었으며 별궁들도 보인다. 힌두교들이 목욕재계하는 장소로 사용되며 일부 가트에서는 시체를 태우는 화장터 역할을 한다. 가난하여 화장할 땔감이 부족하면 타다 남은 시신 일부분을 몰래 떠내려 보낸다고 한다.

힌두교도들은 갠지스 강을 성스러운 어머니의 강으로 숭배하며 일생에 한 번 꼭 와서 목욕하기를 소망한다. 이곳에서 목욕하면 죄업이 씻겨나가 며 죽은 뒤에 유해를 강에 흘려보내면 극락에 갈 수 있다고 믿는다.
　과연 그럴까? 그렇게 믿는 사람들의 믿음이 대단하다고 생각한다.
　믿음은 개인의 선택과 의지만은 아니다. 선물인 것 같다.

인도는 다양한 인간들의 모인 박람회장이라고 생각한다. 대부분 나라 는 보편적인 사람들이 많이 있고 집단의 평균이 존재하며 다수를 차지한 다. 인도의 계층은 너무 극단적이며 범위가 넓다. 지금도 신분제도가 존재 하는 것도 신기하다.
　순례자 중에서 '사두'라 부르는 수행자는 인도 전역에 10만 명 넘게 있 으며 불가사의한 존재들이다. 한평생 씻지도 않았을 것 같은 더러운 몸과 낡아빠진 의복을 입고 있다. 몸에는 이상한 장신구를 주렁주렁 달고 다닌 다. 우리나라에는 볼 수 없는 사람이고 평소에 생각하고 있던 경건한 수 행자와는 다른 모습이라 생경하다. 얼굴에서 수행자의 모습을 찾아볼 수 는 없었다. 이 땅에서 욕심 없는 삶을 산다는 그들은 무엇을 수행하며 어 떤 것을 구하는 것일까? 일생 동안 진정 얻고자 한 무엇인가를 얻고 생을 마감할까?
　그런데 사진을 찍으면 돈을 달라고 손을 내민다. 돈을 주지 않으면 따라

다니면서 끈질기게 돈을 달라고 한다. 수행하는데도 돈은 필요한가 보다.

해가 떠오르기 전이 가장 어둡다고 한다. 갠지스 강에서 일출을 보기 위해 일찍 일어났다. 새벽에 숙소를 나와 골목을 걸으면 여기저기 쓰레기를 뒤지는 개와 소들이 먼저 눈에 띈다. 어제 예약해 둔 작은 보트를 타고 갠지스 강 중앙으로 나아가 태양을 기다린다. 강은 옅은 푸른색이 돈다.

떠오르는 태양을 보면서 기도하는 사람을 보면 마음이 숙연해지고 경건해진다. 종교를 떠나 기도하는 사람을 보면 왠지 마음이 차분해진다.

떠오르는 태양을 바라보는 사람들의 얼굴이 찬란한 빛에 반사되어 조금씩 붉어진다. 아침부터 강에는 많은 사람들이 나와서 태양을 바라보며 목욕하고, 마시기도 하며, 빨래를 한다. 대부분 일반계층의 사람인 것 같다. 수천 년간 인도인의 생활을 지배한 카스트제도 중 '브라만', '크샤트리아'에 속한 사람은 언제 올까?

이들의 모습을 보면서 종교란 과연 무엇인가를 자문해 보았다.

인도인들이 성스럽다고 생각하는 바라나시 갠지스 강에서 태양을 보니 전율이 느껴진다. 신성한 지는 모르겠다. 그러나 이곳에서 느꼈던 감동은 오랫동안 내 가슴에 남아있다. 이곳에 오면 누구나 삶에 대해서 한 번쯤은 깊이 생각하게 된다. 종교를 믿는다는 것은 어떻게 보면 불가사의하면서도 생각하게 되어 의미가 있다. 인도에서는 떠남과 비움을 여행하면서 체험한다. 인도를 여행하다 보면 본의 아니게 철학자가 되어 삶을 돌아보게 되는 인생 공부를 제대로 한다.

세상일은 생각하기에 따라 다르다

봄베이 항구에서 하늘을 나는 갈매기를 보았다. 갈매기를 보면 1970년에 발표된 미국 소설가 리처드 버크의 『갈매기의 꿈』이 생각난다. 청소년 시절에 이 소설을 처음 읽었을 때는 이해를 못했었다. 사람이 아닌 갈매기가 주인공인 것도 특이했다. 몇 번을 읽고 도전과 성장에 대해서 생각하게 되었다. 먹이를 구하기 위해 날아오르는 다른 갈매기와 달리 자아실현을 위해 더 높이 더 멀리 날기를 꿈꾸었던 조나단이 주인공이다. 자유의 참 의미를 깨닫기 위해 비상을 꿈꾸며 도전하는 조나단을 보면서 이상을 꿈꾸게 된다.

'가장 높이 나는 갈매기가 가장 멀리 본다'는 명언이 있다. 그 밑에 나는 '그러나 작고 희미하게 보인다'라고 적었다.

한 걸음 물러서 바라보면 현재 닥쳐진 불행이 인생에 있어서 그렇게 크지 않다는 것을 깨닫게 된다.

인도에서의 생활은 하루하루가 드라마틱하다. 믿었던 사람에게 사기당하기도 하고, 소중한 물건을 도둑맞기도 하며, 엉뚱한 일에 본의 아니게 엮이기도 했다. 매일 구걸하는 사람들과 속 보이는 거짓말과 바가지에 넌더리가 났다. 이제 신경을 덜 쓰고 그만 보고 싶어진다. 사진 찍기 좋아하는 인도 사람들에게 둘러싸여 30분 넘게 함께 찍는 모델이 되기도 한다.

같은 일들이 여러 번 반복되면 인내의 한계치에 도달하여 웃는 얼굴이 찌푸려질 때가 있다. 똑같은 질문들을 사람이 바뀌면서 여러 번 받게 된다. 좋게 말하면 관심이 많아서 사교성이 좋은 것이고 다르게 말하면 무례하고 싹수없게 느껴질 때가 많다.

혼자 있고 싶을 때도 인도 사람들이 다가와서 말을 걸어 조용히 있을 수가 없다. 무례한 행동에 몇 번을 참다가 너무 화가 나서 주먹이 나올 뻔했고 욕 잘하지 않는 나의 입에서 욕이 나올 때도 있었다. 그럼에도 불구하고 대다수 인도 사람들은 내가 곤란하거나 위험한 일을 당하게 되면 자기 일처럼 솔선수범해서 도와주었고 여러 명이 함께 힘을 보태주곤 했다. 나에게 나쁜 행동을 한 인도 사람에게 대신 화를 내었고 나보고 조심하라고 당부를 하기도 했다. 세상을 달관한 듯한 말을 할 때면 여러 번 감탄하게 했다.

모든 것이 생각하기 나름이고 예정된 일이니 이 또한 문제가 없다는 뜻의 "노 프러블럼"을 입에 달고 다닌다.

귀찮고, 피곤하고, 짜증 날 때도 있었지만 되돌아보면 사람 사는 정이 느껴져서 좋은 기억으로 더 많이 남아있다.

첫 경험은 소중하고 오랫동안 머리에 남아있다. 첫인상이 그렇듯 단어
도 그렇다. 영국 식민지 시기에 영어식으로 봄베이라고 불렸지만, 독립 후
1955년부터 뭄바이로 바뀌었다. 봄베이라고 뇌리에 박혀있어서 뭄바이가

영 어색하다.

뉴델리가 인도 문화, 정치의 중심이라면 인도 반도 서해안에 있는 뭄바이는 국제 무역항으로 인도 최대의 경제 도시다. 인도문은 1924년 영국의 왕 조지 5세가 인도를 방문한 기념으로 세웠다. 쥘 베른의 소설 『80일간의 세계일주』에 그 위용이 자세히 묘사되어 있다. 중학생 때 이 소설을 감명 깊게 읽고 막연하게 세계여행을 꿈꾸며 이 책에 나오는 곳을 다 가보았으면 좋겠다는 생각을 했었는데 지금 내가 이곳에 서 있다.

인도문 옆에 나란히 마주 보고 있는 사라세닉 건축 양식의 건물이 호텔 타지마할이다. 1903년 인도의 부호 '타타'가 유럽 여행을 갔는데 인도인이라는 이유로 호텔 출입을 금지당하는 수모를 겪은 후 귀국하여 이곳에 인도 최대 호텔을 건립하였다. 마하트마 간디도 비슷한 일을 겪고 독립운동을 시작하게 되었다.

'틀림'이 아니라 '다름'이다

"여행이란 우리가 사는 장소를 바꾸어주는 것이 아니라 우리의 생각과 편견을 바꾸어주는 것이다."

- 아나톨 프랑스

"카리자한! 식사할 때 손가락으로 밥을 먹는 것보다 숟가락과 포크를 사용하면 좀 더 위생적이지 않을까?"

"My friend Won Yong, Good question but listen to me. 여러 사람이

사용하던 숟가락과 포크를 깨끗하지 않은 물로 씻는 것과 본인의 손 중에 어느 것이 더 깨끗하다고 생각하니?"

'맞아, 진짜 그렇네!'

더러운 걸레 하나로 식기와 식탁과 바닥을 닦는 것을 여러 번 보았다. 친구의 말대로 식탁 위에 놓인 숟가락과 포크가 내 손보다 더 깨끗하다고 자신 있게 말할 수 없었다. '그동안 아무 생각 없이 받아들이며 살아온 나에게 익숙한 습관과 관습이 다른 나라 사람에게 다 적용되는 것은 아니구나.' 신선한 깨달음이었다.

틀림이 아니라 다름이었다. 그것은 사람에 따라 생각이 다르기 때문이다. 인정하는 것이 여행하는 데 편하다. 그 날 이후로 가끔 어색하게 손가락으로 밥을 먹으려고 시도해 보았다. 손가락 세 개를 오므려 음식을 만졌을 때 촉촉한 느낌이 처음에는 영 어색했다. 손가락에 묻어있는 음식을 쪽쪽 빨아먹을 때 기분이 묘하지만 싫지는 않았다. 먹고 난 후 손가락에 따스함이 남아 있었다.

인도 사람들은 사는 환경에 적합한 생활 문화를 가지고 있다. 인도 여행을 한 지 한 달이 넘었지만 익숙하지 않은 그들의 생활에서 몸이 불편하고 마음이 힘들었다. 친구의 말을 듣고 '틀림'이 아닌 '다름'으로 받아들이니 그 이후 두 달의 여행이 조금은 더 자유로워졌다.

세계에 있는 거지를 몽땅 모은 것보다 더 많을 것 같은 인도를 보면 마음이 아리고 아팠다. 우리나라 식당에서 버려지는 많은 음식이 떠올랐다. 하루에 한 끼, 그것도 빈약한 먹거리를 겨우 먹는 그들에게 주면 얼마나 좋아할까?

말로만 들었던 백호가 위풍당당하게 위엄을 갖추고 앉아 있다. 인도인들이 나를 몇 시간 그냥 쳐다보는 것처럼 백호가 나를 보고 있다. 무슨 생각을 하면서 나를 보고 있을까? 여행 친구들에게 한국에는 저 백호보다 더 무서운 것이 있는데 혹시 아느냐고 물었다. 친구들은 호기심 가득한 눈으로 과연 어떤 동물이 있을까? 고개를 갸우뚱거리며 심각하게 고민하는 척했다. 어떤 친구는 아직 공룡이 있느냐고 너스레를 떨었다.

"Once upon a time, long long time ago~."

전래동화 '곶감과 호랑이' 이야기를 들려주었다. 제대로 이해했는지는 모르겠지만, 그들은 자기 나라에도 비슷한 동화가 있다고 말했다.

남인도 케랄라 주의 전통극인 카타칼리 공연을 보기로 했다. 7시부터 본 공연이 시작하지만, 배우들은 5시부터 무대 위에서 본인 스스로 정성스럽게 분장하는 모습이 저녁노을과 어우러져 연극을 하고 있는 것 같았다.

커다란 터번을 머리에 두른 남자들은 여러 악기를 요란하게 연주하고

화려한 의상과 장신구를 갖춘 여자들은 현란한 춤을 춘다. 시끄러운 타악기 소리가 우리나라 마당극과는 또 다른 느낌이다. 공연을 시작한 지 몇십 분 후 내가 좋아할 장르는 아닌 것을 알았다.

이곳은 오래전부터 무역항으로 개방되어 베이징을 중심으로 발달한 경극의 영향을 많이 받은 것 같다. 경극은 대사, 노래, 연극, 무용이 어우러진 공연으로 중국식 오페라라고 불린다. 19세기 중반에 완성되어 희로애락과 풍자로 300여 편이 전해오고 있으며 사람들에게 사랑을 받고 있다. 독특한 분장, 과장된 표정 연기와 끊어질 듯한 가냘픈 가성과 휘황찬란한 의상이 색다르다. 천 카이거 감독, 장국영이 주연한 '패왕별희'(1993)의 공연 장면들이 생각났다.

상세한 정보가 작은 글씨로 빽빽하게 적혀 있는 세계적으로 유명한 가이드 북 『론니 플래닛』과도 이제는 이별할 시간이 다가온 듯하다. 인도를 여행하면서 하루도 빠짐없이 늘 내 곁에 있었다. 읽는 것을 좋아하는데 한글로 된 책이 없기도 했지만, 새로운 여행지에 관해서 알아가는 재미가 있었다. 우리나라에는 여행자들에게 도움이 되어 사랑받는 이런 가이드 북이 없을까? 여행 자율화가 시작한 지 얼마 되지 않아 그런 것 같다. 앞으로는 많은 사람들이 세계 여러 나라들을 여행할 것이다. 실제적인 도움이 되는 가이드 북을 만들면 좋겠다고 생각을 했다. 일기를 매일 쓰고 가는 곳마다 기록으로 남기고 많은 자료를 모았다. 그러나 어느 순간 많은 생각을 하게 한 인도를 여행하면서 '내 책이 무슨 도움이 되겠는가?'라는 생각이 들었다. 여행 가이드 북을 쓰겠다는 생각이 다 부질없는 일이라 생각하고 마음을 비웠다.

스리랑카

눈물이 보석으로 되기를 바라며…

툭 하고 건드리면 금방이라도 비가 쏟아질 것 같이 잔뜩 찌푸린 검푸른 하늘이다. 바다는 으르렁 울면서 파도가 거세다. 어제 뜨거웠던 태양과 솜털같이 새하얀 뭉게구름과 푸름을 뿜내며 반짝이던 에메랄드 물결은 어디론가 사라졌다. 물을 좋아하는데 들어갈 수 없어 아쉬움을 달래며 바다를 벗 삼아 해변을 걷는다. 짭조름하고 비릿한 바다 내음도 폭풍전야의 거친 바람이 모든 것을 삼켜버렸다.

스리랑카는 동남아시아 해상 실크로드의 요충지이며 진주 같이 생겼다고 '인도양의 진주'라고 불릴 만큼 경치가 아름다운 나라다.

1505년 포르투갈을 시작으로 유럽 열강의 침략이 시작되어 네덜란드와 영국의 지배를 400년 넘게 받았다. 우리나라는 일제강점기 36년만으로도 민족 고유문화가 많이 말살되었다. 400년 동안 식민 지배를 받았다니 놀랍다.

　1948년에 비로소 독립된 스리랑카 국민의 마음은 어떠했을지 짐작을 할 수 없다. 국민 70%가 불교를 믿는 그들은 피지배자의 억압과 고통을 그들이 믿는 종교의 힘으로 견디며 살아왔을 것 같다.

　스리랑카는 싱할라어로 '크고 밝게 빛난다'는 의미가 있다. '동남아의 진주'라는 애칭은 오랜 세월 동안 식민지 국민의 아픈 눈물방울이 모인 것처럼 느껴진다.

우리에게는 홍차로 유명한 실론티만 알고 있다. 1972년에 실론에서 스리랑카로 국명이 바뀌었다. 여러 지방을 여행하니 오랜 역사만큼 고대 문명, 불교 유적지, 문화유산이 많았고 아름다운 자연에 감탄했다.

스리랑카 사람도 인도 사람과 비슷하게 생겼는데 성격은 다른 것 같다. 심성이 순수하고 해맑은 미소를 가지고 있었다. 적은 수입으로 열심히 살아가고 있었다. 마르고 까만 피부가 기억에 남는다. 400년의 식민지 세월 동안 혼혈인이 많을 법한데 생각보다 많이 보이지 않았다.

그림처럼 소박한 시골 풍경과 끝이 보이지 않게 펼쳐진 차밭을 보는 것은 특별한 경험이다. 오랜 세월 동안 녹색의 땀방울들이 모여서 만들어진 보석 같은 차를 마셨다. 삶이 버거워 보이는 그들의 노동 현장을 보았기에 차를 마시면 마음이 숙연해지고 말수가 적어졌다. 적도에 가까워 고온다습한 날씨에 땀을 흘리며 몸은 아이스티를 원하지만 뜨거운 홍차를 마셔야 했다.

'이열치열'

스리랑카 및 인도 남부의 몇 지역에서는 엄마를 '엄마'라 발음하고 아빠 역시 '아빠'라 부른다. 신기했다.

개인적으로 소란한 인도보다는 조용한 스리랑카가 좋다.

스리랑카 사람들이 생각하는 한국은 잘 사는 나라였다. 사우스 코리아에서 온 나에게 사람들은 관심이 있었고 내가 말을 건네면 좋아했다. 청년들에게 했던 말이 기억난다.

"개발도상국인 스리랑카에서 지금 필요한 것은 실력 있는 인재들이다.

나라와 본인의 미래를 위해서 꼭 해야 하는 것은 공부니 열심히 해서 실력을 키워라."

섬나라 중 세계에서 10번째로 넓은 면적의 스리랑카. 천혜의 자원도 풍부하니 국민을 위하는 좋은 지도자를 만나 그동안 겪었던 아픈 상처를 치유하고 진심으로 행복하기를 바랬다.

유럽에서 만난 사람들

아시아에서 만난 사람들

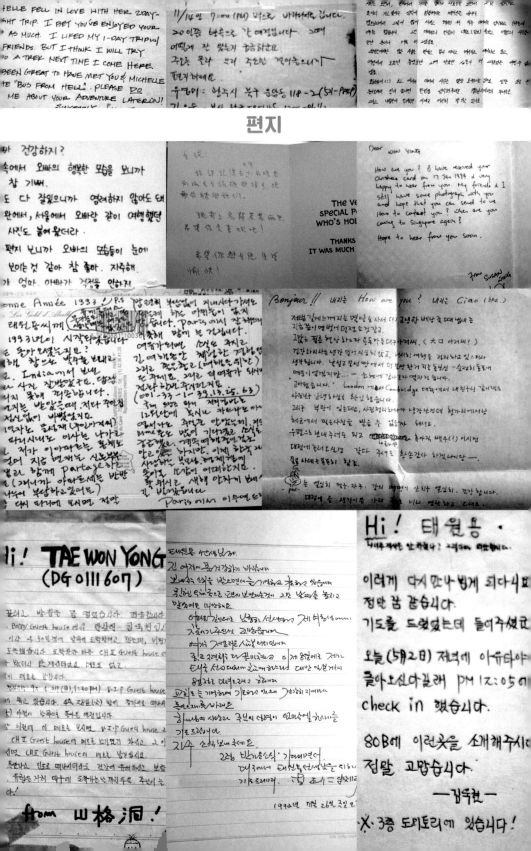

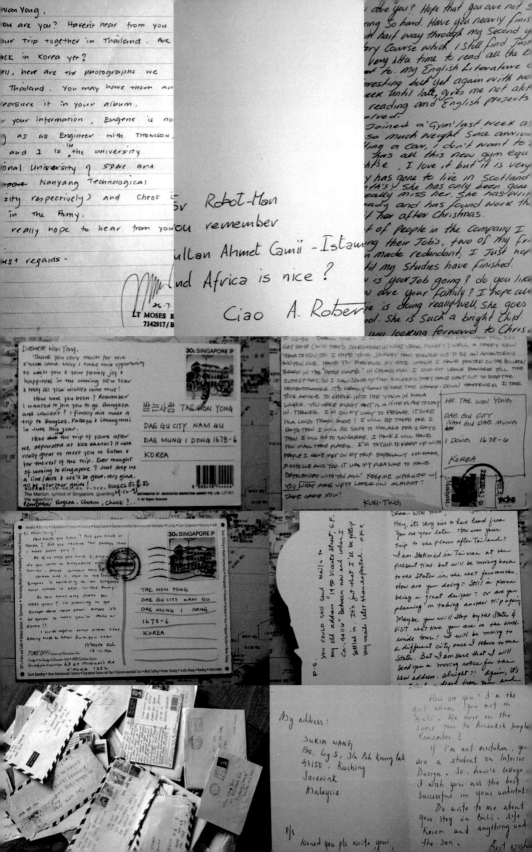

...wan Yong.

...ou are you? Haven't hear from you
...our trip together in Thailand. Are
...ck in Korea yet?

...ll, here are the photographs we
...Thailand. You may have them an
...easure it in your album.

...r your information, Eugene is no
...g as as Engineer with THOMSON.
...and I is the university
...nal University of Space and
...pore Nanyang Technological
...sity respectively) and Cheok i
...in the Army.

...really hope to hear from you

...st regards -

LT MOSES K
7142917 / B

Robot-Man
you remember

ultan Ahmet Camii - Istanu
nd Africa is nice?

Ciao A. Robert

...u are you? Hope that you are not
...ing so hard. Have you nearly finis
...n half way through my second y
...ory Course which I still find Jus
...very little time to read all the b
...d to. My English Literature c
...resting but yet again with he
...eek until late, gives me not alot
...reading and English projects
...solved.

...Joined a 'Gym' last week as
...so much weight since arriving
...ting a car, I don't want to
...has all this new gym equi
...hise, I love it but it is very
...y has gone to live in Scotland
...th's) she has only been gone
...really miss her. She has writ
...eady and has found work th
...l her after Christmas.

...t of people in the Company I
...ing their job's, two of my fr
...n made redundant. I just hop
...til my studies have finished.
...is your job going? do you like
...ow are your family? I hope al
...ie is doing really well, she goes
...ool. She is such a bright child

...ou looking forward to Chris

Dearest Wan Yang,

Thank you very much for the
X'mas card. May I take this opportunity
to wish you & your family joy &
happiness in the coming New Year
& may all your wishes come true!

How have you been? Remember I
wanted to join you to go Bangkok
and couldn't? I finally did make a
trip to Bangkok, Pataya & Changmai
in June this year.

How did the trip of yours after
we separated at Koh Samui? It was
really great to meet you in Satun &
for the rest of the trip. Ever thought
of coming to singapore? Just drop us
a line/note & we'll be glad, very glad.
To be your tour guide!
The Merlion, symbol of Singapore, guarding
the waterfront
Remember Eugene, Chuan, Cheok ?..

Moses Koh
4-12-92

30c SINGAPORE

받는사람 TAE WON YONG
DAE GU CITY NAM GU
DAE MUNG I DONG 1678-6
KOREA

...5-23-92. Dearest Tae... I'm just back till you
get home card that's somewhere in next week right! Well, a happy new
year to you, too. I hope your journey has turned out to be an adventurous
and fun one. Have you receive my note which I have posted on the bulletin
board in the "Pose café" in Chiang Mai. I did not leave Bangkok till the
20th of May. So I saw some of the soldiers they have sent out to stop the
demonstrators. It's really sad to see the crack-down happened. I took
your advice to check into the YMCA in Kuala
Lumpur. You were right about it a nice place to stay
in. Thanks. I'm on my way to Penang. It sure
is a long train ride! I will be there for 2
days then I will go south to Malaka for 2 days
then I will go to Singapore. I think I will have
fun in all these places. I'm trying to keep up with
people I have met on my trip. Especially chi kako,
Michelle and you. It was my pleasure to have
befriended with you all! Keep me informed wi
you what are up to later on alright?
Take care now!

KUEI-TING

MR. TAE WON YONG
DAE GU CITY
NAM GU DAE MUNG
I DONG 1678-6
KOREA

Hi Wan Yong,
How have you been? Are you back in
Korea? Did you receive the photos that
I have sent you?

All of us miss you and I, promi
do you come to Singapore again?
You do, please contact first
Chuan and I are in the University
Eugene is working as an Engineer
now Cheok is still in the Army

Do you have any plans for
next year? I'm planning to go
Europe alone next year. Maybe it'll
be great to meet you in Thaila or
come !!

I write again some other time.
Really hope to hear from you soon.

Moses Koh
12-11-92

TIME OFF! Leisure and Recreation Fair
Friday 4 to Sunday 13 December 1992 at DBS Auditorium
Specially from 10 am to 8 pm
63 & 65 Michaelis Rd
S'PORE 1235
Skate Boarding • Home Entertainment Systems • Educational Games and More • Remote-controlled Cars • Wind Surfing • Roller Skating • Scuba Diving • Reading • Multimedia

30c SINGAPORE

TAE WON YONG
DAE GU CITY NAM GU
DAE MUNG I DONG
1678-6
KOREA

P.S. You could still send mail's t
my old address "145 Vickers Street, G.F.
Cnr, 91110" Between now and when I
settled in. It's just that I'll be getting
my new address later than expected. OK?

Dear Wan Yong,

Hey, it's very nice to have heard from
you one year later. How was your
trip to the places after Tailand?
I am stationed in Taiwan at the
present time. but will be moving back
to the states in the next few months.
How are you doing? Still in Korea
being a great designer? or are you
planning on taking another trip again?
Maybe you will stop by the states &
visit next time you are on the world-
wide tour! I will be moving to
a different city once I return to the
states. But I am sure that I will
send you a moving notice for the
new address. alright? Again, it's
... heard from you and

My address:
SURIA WANTY
Blk, Lg 5, Jln Poh Kwong Park
93150, Kuching
Sarawak
Malaysia.

P/s
Would you pls write your...

How are you? I'm the
girl whom you met in
Bali. We were on the
same tour to Besakih Temple
Remember?

If I'm not mistaken, you
are a student on Interior
Design. So, how's college.
I wish you all the best
successful in your understand

Do write to me about
your stay in Bali. life
Korea and anything about
the Sun.

Best wish